工业和信息化普通高等教育"十三五"规划教材立项项目

21 世纪高等学校计算机规划教材
21st Century University Planned Textbooks of Computer Science

C语言程序设计与应用
实验指导书（第2版）

Experimental Guide of Programming
and Application of the C Language (2nd Edition)

张小东 主编
郑宏珍 主审

U0202812

高校系列

人民邮电出版社
北 京

图书在版编目（CIP）数据

C语言程序设计与应用实验指导书 / 张小东主编. --
2版. -- 北京：人民邮电出版社，2017.9（2024.1重印）
21世纪高等学校计算机规划教材
ISBN 978-7-115-46920-5

Ⅰ. ①C… Ⅱ. ①张… Ⅲ. ①C语言－程序设计－高等
学校－教学参考资料 Ⅳ. ①TP312.8

中国版本图书馆CIP数据核字(2017)第228959号

内 容 提 要

本书与人民邮电出版社出版的《C语言程序设计与应用（第2版）》一书相配套，主要内容包括：
各章学习辅导与习题解答、实验指导与实验报告。各章学习辅导与习题解答部分共包含 9 章、2 套
模拟试题及解答，其中每章又分为本章学习辅导、课后习题指导以及实验问题解答 3 部分。实验指
导与实验报告部分共包含 8 个实验，每个实验又分为实验目的、实验指导、实验内容和实验小结 4
部分。

本书将学习辅导与实验指导相结合，内容丰富、重点突出、设计新颖、讲解详尽，能帮助初学
者快速且扎实地掌握 C 语言知识，不仅可作为高等院校 C 语言课程的配套教材，还可作为广大计算
机技术人员及相关自学者的辅助教材。

◆ 主　　编　张小东
　　主　　审　郑宏珍
　　责任编辑　张　斌
　　责任印制　陈　犇
◆ 人民邮电出版社出版发行　　北京市丰台区成寿寺路 11 号
　　邮编　100164　　电子邮件　315@ptpress.com.cn
　　网址　https://www.ptpress.com.cn
　　涿州市般润文化传播有限公司印刷
◆ 开本：787×1092　1/16
　　印张：7.75　　　　　　　　2017 年 9 月第 2 版
　　字数：326 千字　　　　　　2024 年 1 月河北第 13 次印刷

定价：36.00 元
读者服务热线：(010)81055256　印装质量热线：(010)81055316
反盗版热线：(010)81055315
广告经营许可证：京东市监广登字 20170147 号

本书编审人员

主　审　郑宏珍

主　编　张小东

副主编　张维刚　张　华　李春山　周学权

参　编　向　曦　马　帅　刘艺姝　张壹帆　崔　杨　倪　烨

　　　　过友辉　衣景龙　张天昊　张博凯　杨　帆　刘　娟

前　言

　　C 语言结构化、简单、灵活、可移植等多个优良特点，决定了其在程序设计中的基础性地位，在教学中有难以动摇的实际应用。作为大多数学生第一种需要认真学习理解的编程语言，C 语言已成为他们中间很多人的"编程母语"，深深地烙印在学生的思维方式中。其中，实验是学习 C 语言最为重要的一个环节，学生通过实验把课堂上学到的理论知识运用于实践当中，建立对程序的基本认识和对计算机模型的最初理解。为了帮助读者尽快掌握 C 语言的初步编程方法和程序设计思维，我们特地编写了这本与《C 语言程序设计与应用（第 2 版）》配套的实验指导书，以便同学们在完成一定量的课程及课外项目实践后，建立正确的软件开发实践习惯。本书共分两大部分：第一部分为学习辅导与习题解答，第二部分为实验指导与实验报告。

　　在第一部分学习辅导与习题解答中，按照《C 语言程序设计与应用（第 2 版）》中的各章进行学习辅导，每章分为 3 个模块，第一个模块为本章学习辅导，对本章所涵盖的知识点进行了汇总，按词汇、语法和应用的线路进行辅导，并对关键的内容、编程技巧和易错、易混、易乱的知识点进行了要点提示；第二个模块为课后习题指导，包括每一章课后的习题正确答案和较为详细的解释，特别是对编程题，一般是以问题分析、算法设计和代码实现等软件算法设计方法学的基本思想为指导进行解答；第三个模块为实验问题解答，融合了多位在 C 语言教学一线工作的教师多年在指导学生实验方面的经验，总结学生在实验过程所遇到的典型问题，做了较为详尽的解答，以帮助读者更好地进行实验。另外，在这部分还安排了两套精心编制的试卷和详尽的试题解答，使同学们能够对自己的学习情况进行检查。

　　在第二部分实验指导与实验报告中，从教材的第 2 章开始设置了 8 个实验，每个实验分 4 个模块，第一个模块实验目的，是完成本次实验后所要达到的目标，即了解什么，熟悉什么，掌握什么；第二个模块实验指导，说明了完成本实验所需的参考学时数（每学时为 50 分钟），针对本次实验中所遇到的难点和编程技巧进行辅导；第三个模块实验内容，按照每章所涉及的知识点精心编制实验题目，其中包括阅读程序、编程并上机调试、调试记录，旨在帮助同学们运用教材上学到的知识进行实践演练，尽快掌握本章的知识点，同时养成良好的编程习惯；第四个模块实验小结，以自检表的形式将本章所涉及的知识点用问题展示出来，读者按照自己的实际学习情况如实回答，每张自检表有 3 次回答机会，对于第一次没有掌握好的，经过复习准备后，再进行第二次、第三次回答，以确定对每章知识点的掌握程度。

　　本书的主要特点有以下几点。

1. 避免机械思维，变被动学习为主动学习

　　对于刚刚接触 C 语言学习的学生来说，开始实验时相对比较慌乱，往往是机械而盲目地将指导书上的代码敲入计算机中，验证代码的正确性，而忽视了实验最重要的目的是学习如何运用 C 语言去设计程序，并非代码验证！这种被动的学习方式通常很难达到实验所期待的教学效果。因此，在阅读程序题这一模块中加入程序扩展和扩展分析等内容，旨在帮助同学们从机械的思维中解脱出来，主动思考在程序扩展的变化中本段代码的含义，学习如何进行代码的分析与设计，在潜移默化中变被动学习为主动学习。

2. 加强实验中的互动性，提高独立解决问题的能力

实验问题解答模块针对实验所涉及的题目和实验中同学们容易出现的错误，列出了诸多问题，并进行了详细的解答，尽最大努力帮助同学们做好实验。它采用了实验→问题→思考→解答→实践的良性循环思维模式，体现了本书的互动性，在提高同学们独立解决问题能力的同时，也减轻了指导教师的工作负担。

3. 突出程序设计思路和程序设计表达方面的培养

学习语言的最终目标是能够进行正确的程序设计并能表达出程序设计的思想，以便进行交流、改进和维护。所以，本书从一开始便注重对学生正确程序设计思维的培养和训练，每道编程题都是以问题分析→流程图的绘制→代码编写→测试与分析的流程模式进行讲解，同时在实验内容的设计中也要求学生按照这一线路进行训练，以达到预期的目标。

4. 抓住学习重点，提高自学能力

为了让学生抓住学习重点，提高学习效率，本书除了设置了学习辅导、习题指导、实验问题解答和丰富的实验内容及指导外，还有一个实验小结模块，汇总各章节的知识点内容，以问题的方式提出，帮助学生理清学习思路，把握学习方向，提高自学能力。

5. 进行初步工程能力方面的培养

本书在程序设计时，按正向工程模式训练，即按照问题分析→模型建立→算法描述（流程图）→算法实现（程序）→测试→编写使用手册的流程进行；在阅读程序时，按照反向工程模式培养，即通过进行程序扩展与结果分析，推导程序解题的设计方法和数学模型。这两种能力都是系统分析师、设计师或程序员所必须具备的能力，需要进行必要的训练与培养。

全书由张小东负责统稿，第 1、2、4 章由张小东编写，第 3、6 章由张维刚编写，第 7、8 章由张华编写，第 5 章由李春山编写，第 9 章由周学权编写。郑宏珍教授在百忙之中审阅了全部初稿，对本书提出了很多宝贵意见。在书稿的录入、校对及实验内容、例题和习题的审核调试过程中，向曦、马帅、刘艺姝、张壹帆、崔杨、倪烨、过友辉、衣景龙、张天昊、张博凯、杨帆、刘娟等同志也做了大量的工作。

因编者水平有限，书中疏漏在所难免，恳请读者批评指正。作者 E-mail 为 z_xiaodong7134@163.com，wgzhang@jdl.ac.cn。欢迎读者给我们发送电子邮件，对本书提出宝贵意见。

编 者

2017 年 8 月

目　录

第一部分　各章学习辅导与习题解答

第 1 章　简单 C 程序设计 ……………2

1.1　本章学习辅导 ……………………2
　1.1.1　C 语言程序的结构 …………2
　1.1.2　C 语言中的符号规定 ………2
　1.1.3　变量与数据类型 ……………3
　1.1.4　运算符与表达式 ……………3
　1.1.5　系统函数 ……………………3
　1.1.6　流程图 ………………………3
　1.1.7　编程风格 ……………………3
1.2　课后习题指导 …………………4
1.3　实验问题解答 …………………6

第 2 章　选择控制结构及其应用 ……8

2.1　本章学习辅导 …………………8
　2.1.1　选择控制条件 ………………8
　2.1.2　if-else 条件选择控制结构 …8
　2.1.3　switch 判定结构 ……………9
2.2　课后习题指导 …………………10
2.3　实验问题解答 …………………12

第 3 章　循环结构及应用 …………14

3.1　本章学习辅导 …………………14
　3.1.1　运算符 ………………………14
　3.1.2　for 循环 ……………………14
　3.1.3　while 循环 …………………15
　3.1.4　do while 循环 ………………16
　3.1.5　循环的中断 …………………16
　3.1.6　关于循环的一些问题 ………17
3.2　课后习题指导 …………………17
3.3　实验问题解答 …………………22

第 4 章　模块化设计与应用 ………24

4.1　本章学习辅导 …………………24
　4.1.1　模块化程序设计方法 ………24
　4.1.2　函数 …………………………24
　4.1.3　预处理 ………………………27
　4.1.4　其他 …………………………29
4.2　课后习题指导 …………………30
4.3　实验问题解答 …………………36

第 5 章　数组及其应用 ……………40

5.1　本章学习辅导 …………………40
　5.1.1　数组与数组元素的概念 ……40
　5.1.2　一维数组 ……………………40
　5.1.3　二维数组和多维数组 ………41
　5.1.4　字符类型数据集合的存储 …42
　5.1.5　字符串处理函数 ……………42
　5.1.6　指针变量、字符串指针变量与
　　　　　字符串 ……………………43
5.2　课后习题指导 …………………44
5.3　实验问题解答 …………………49

第 6 章　深入模块化设计与应用 ……51

6.1　本章学习辅导 …………………51
　6.1.1　算法基本概念 ………………51
　6.1.2　简单的排序算法 ……………51
　6.1.3　嵌套与递归设计及应用 ……52
　6.1.4　模块间的批量数据传递 ……53
　6.1.5　模块化设计中程序代码的访问 …53
6.2　课后习题解答 …………………54
6.3　实验问题解答 …………………58

第7章 构造型数据类型及其
应用 ……………………60

7.1 本章学习辅导 ……………………60
7.1.1 结构体 ……………………60
7.1.2 共用体 ……………………62
7.1.3 枚举类型 ……………………62
7.1.4 自定义类型 ……………………63
7.1.5 位运算与位段 ……………………63
7.2 课后习题指导 ……………………63
7.3 实验问题解答 ……………………66

第8章 综合设计与应用 ……………69

8.1 本章学习辅导 ……………………69
8.1.1 变量的作用域与存储类别 ……69
8.1.2 指针与数组 ……………………70
8.1.3 函数main()中的参数 ……………71
8.1.4 指针型函数 ……………………71
8.1.5 链表 ……………………72
8.2 课后习题指导 ……………………72
8.3 实验问题解答 ……………………74

第9章 数据永久性存储 ……………76

9.1 本章学习辅导 ……………………76
9.1.1 文件管理 ……………………76
9.1.2 文件组织方式 ……………………76

9.1.3 文件操作 ……………………76
9.2 课后习题指导 ……………………80
9.3 实验问题解答 ……………………91

C语言程序设计模拟试题一 …………93

试卷 ……………………93

试题一答案与分析 ………………101

一、单项选择题 ……………………101
二、填空题 ……………………102
三、读程题 ……………………102
四、改错题 ……………………102
五、编程题 ……………………103
六、综合应用题 ……………………103

C语言程序设计模拟试题二 ………105

试卷 ……………………105

试题二答案与分析 ………………113

一、单项选择题 ……………………113
二、填空题 ……………………113
三、读程题 ……………………114
四、改错题 ……………………114
五、编程题 ……………………114
六、综合应用题 ……………………115

第一部分
各章学习辅导与习题解答

第1章
简单C程序设计

1.1 本章学习辅导

1.1.1 C语言程序的结构

C语言程序的结构共分4部分：注释、预处理指令、main函数、其他自定义的函数及语句。

（1）注释：包含在符号"/*"和"*/"之间（可有多行）或跟在"//"之后无换行的文字。它是进行功能说明的非C语言语句，是不会被执行的部分。

（2）预处理指令：本章只介绍#include 指令，它将包含在当前目录或系统目录下的头文件引入本文件中。#include 后面跟< a.h >表示在包含系统头文件的目录（通常就是C语言程序的安装路径）下找此头文件 a.h，#include 后面跟""表示先在当前目录下找此头文件，若找不到，再到系统目录下找。

（3）main函数：C语言程序起始于main函数的"{"，结束于main函数的"}"；每一个C语言程序有且只能有一个main函数。

（4）其他自定义的函数及语句：由程序员按C语言的语法规则自己定义的函数或语句。

1.1.2 C语言中的符号规定

（1）关键字：又称保留字，它是C语言中预先规定的、具有固定含义的一些单词。

（2）标识符：指常量、变量、语句标号以及用户自定义函数的名称。使用时，要注意以下几点。

① 所有标识符必须由字母（a~z，A~Z）或下划线（_）开头。

② 标识符的其他部分可以由字母、下划线或数字（0~9）组成。

③ 大小写字母表示不同意义，即代表不同的标识符。

④ 标识符的长度限制与编译器相关，一般只有前32个字符有效，但是编译器不同，允许的长度也不一样。

⑤ 标识符不能使用关键字。

（3）空白符：指示词法记号的开始和结束位置，在程序编译时不起任何作用，可以被完全忽略掉。

（4）分隔符：用于分隔C语言中的词素、语句的符号，可以是空格、回车/换行、逗号等，分隔符用于构造程序。

1.1.3　变量与数据类型

（1）变量：在程序中，其值是可以被改变的量。变量名必须是合法的标识符。

（2）数据类型：用来确定数据的取值范围和运算方式。本章只介绍 4 种数据类型，即整型（int）、字符型（char）、单精度浮点型（float）和双精度浮点型（double）。可以用 signed（有符号）和 unsigned（无符号）对整型和字符型进行修饰，如 signed int 和 unsigned int。

1.1.4　运算符与表达式

（1）运算符：本章所介绍的运算符为 = (14)、+ (4)、−(4)、*(3)、/(3)、%(3)，括号中的数字表示运算符的优先级。

（2）表达式：由运算符、变量或常量组成，如 a = 2 为赋值表达式。

1.1.5　系统函数

本章介绍两个非常重要的系统函数——格式输出函数 printf() 和格式输入函数 scanf()。

（1）格式输出函数

它的功能是按照指定的格式向标准输出设备（通常为显示器）输出指定的内容，一般形式为

```
printf("%格式字符串", 变量);
```

本章所涉及的格式字符串有：输出变量为整型用"%d"，输出变量为字符型用"%c"，输出变量为单精度浮点型用"%f"，输出变量为双精度浮点型用"%lf"。

（2）格式输入函数

scanf() 函数作用是按指定格式从标准化输入设备（通常指键盘）读入数据，其调用一般形式为

```
scanf("<格式字符串>", <参量表>);
```

scanf() 函数的要求与 printf() 函数相似，本章所涉及的格式字符串有：输入字符型用"%c"，输入有符号整型使用"%d"，输入单精度浮点型用"%f"等。不过，参量表中的变量前面需要加上一个符号&。&被称为取地址运算符，运算级别为 2。它的含义为把由键盘输入的数据存入参量表中指定地址的内存中，并以回车作为输入结束。

1.1.6　流程图

流程图是表达程序设计思路的有效方式，本章介绍 4 种符号，如图 1-1 所示。

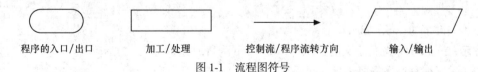

程序的入口/出口　　　　加工/处理　　　　控制流/程序流转方向　　　　输入/输出

图 1-1　流程图符号

1.1.7　编程风格

（1）添加适当的注释。

（2）格式控制的使用，每个层次（常以一对"{}"为一层次）要有适当的缩进。

（3）要遵循变量和函数的命名规则与标准。

1.2 课后习题指导

1. 填空题

（1）答：表达式的值 = 4；a = 4；b = 10；c = 6。

提示：这是一个复合表达式，要按运算符的优先级别来进行，其中"( )"的优先级最高，先执行(b = 10)和(c = 6)，然后执行%运算，即 b%c = 10%6 = 4，最后把 4 赋给 a。

（2）答：%取余运算符。

2. 选择题

（1）答：D。

（2）答：D。**提示**：注释也属于空白符，在 C 语言编译时，所有空白符都将被忽略。

（3）答：D。**提示**：5/2 = 2，5%2 = 1，所以表达式 = 3.6−2 + 1.2 + 1 = 3.8。

（4）答：A。**提示**：%d 为十进制输出，%o 为八进制输出，注意 n = 032767 本身为八进制赋值方式。

（5）答：B。**提示**：%u 为无符号十进制输出，需要对 x 进行转换。

（6）答：C。**提示**：A 中%不能用于小数，B 中赋值符号左边不能为常量 D 中与 3 相连的等号左边为常量。

（7）答：C。**提示**：整型运算结果为整型，即有 3/2 = 1，结果与 x 相加后，转换为双精度浮点型且 y 也为浮点型，故结果为 2.0。

（8）答：B。**提示**：A 为关键字，不能使用；C 第一个字母不是字母或下划线；D 中含有 +，它不能出现在合法的标识符中。

（9）答：C。

（10）答：D。**提示**：A 以";"为分隔符，为 3 条语句，每一条都需要加类型声明，即 int b = 5；int c = 5。B 没有对 a、b 进行初始化；C 没有类型声明。

3. 简答题

（1）程序改错是编程的基本功训练项目，是对读者学习效果的一种检验，能够帮助读者认识到编程中易犯的错误，从而避免编程时发生同样的问题。

```
Include "stdio.h"                                //缺少""且头文件写错
int s;                                           //原题缺少;号
s=52;                                            //原题多了;号
printf("There are s%d weeks in a year.",s);      //原样输出的语句应该包含在""内,且整型
                                                   变量有格式
```

（2）关键字为：int, char。

提示：main 为系统预定义的标识符，function 为普通标识符，= 为运算符。

（3）关于编程风格需要注意的问题。

① 添加适当的注释。

② 格式控制的使用，在每个层次（常以一对"{}"为一层次）要有适当的缩进。

③ 要遵循合适的变量和函数的命名规则与标准。

4. 编程题

初学者会片面地把编程理解为纯粹的代码编写，其实编程更重要的是程序设计思路的体现。

程序设计思路的表达必须在初学时就开始进行训练，否则"贻害无穷"！因此本题先绘制流程图，再编写代码。

（1）输出所要求的图形的流程图如图 1-2 所示。

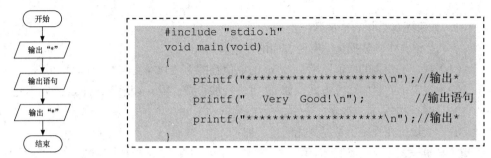

图 1-2　输出所要求的图形

（2）计算三角形面积的流程图如图 1-3 所示。

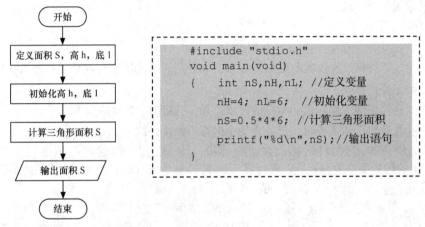

图 1-3　计算三角形面积

扩展训练：若 nH = 3，nL = 5，结果会怎样？如何更改？

5. 思考题

（1）计算图形面积的流程图如图 1-4 所示。　　　　（2）量出 4mL 水的流程图如图 1-5 所示。

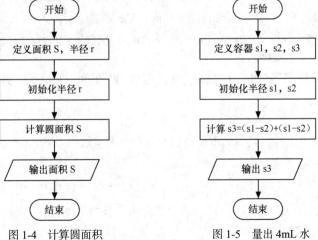

图 1-4　计算圆面积　　　　　　　　　　　图 1-5　量出 4mL 水

1.3 实验问题解答

1. 如何理解 C 语言中的数据类型？

答：C 语言中的数据类型有两方面的作用。

（1）规定了变量的取值范围，如 int 的取值范围为-2147483647～2147483648。

（2）规定了变量的运算方式，如 int 可进行加、减、乘、除运算，而 char 则不能。

2. 如何理解常量与变量？

答：变量是在程序中可以变化的量，如：

```
int nA=5;      //初始化为 5
nA=10;         //被改变为 10
```

常量是不能被改变的，如上面例子中等号右边的 5、10。在今后的学习中，读者还会遇到其他形式的常量定义方式。

3. 学习运算符时，应注意哪些事项？

答：学习运算符时要注意以下几点。

（1）对运算符两端操作数的数量的要求。本章所遇到的运算符都是双操作数，以后还会遇到单操作数和三操作数。

（2）对运算符两端操作数的类型的要求。如%不能用于非整数运算。

（3）在含有多个运算符时，要注意每个运算符的优先级，如：

```
b = c*d + l*5 - (f + 8);
```

因为()的优先级别最高，所以先计算（f＋8），然后先乘除、后加减，最后是赋值。

（4）注意运算时的类型转换，如：

```
int nA=1/2;      //nA 的值为 0,整型运算
nA=5/3;          //nA 的值为 1,整型运算
float fB=1/2.0;  //fB 的值为 0.5,运算时先将 1 转换为 1.0,再进行除法运算
```

4. 表达式的值与变量的值区别。

答：表达式的值通常取决于在该表达式中级别最低的（即最后运算的）运算符运算完毕后的值，如：

```
a = b*c + 3*d;        //表达式的值为 a 的值，因为在这个表达式中" = "级别最低
a = (b = 3)+(d=2);    //尽管有 3 个赋值语句，但"( )"改变了它们的运算次序
```

5. 为何 float a = 1/2 为 0？

答：虽然 a 为单精度浮点型，但赋值语句的右边 1/2 仍为整数除法，其运算结果为 0，所以把 0 赋给 a，其值仍为 0。

6. 运算会产生数值溢出吗？

答：当运算时，超出变量类型的取值范围时，就会产生溢出，如：

```
int nA=10000, nB=10000;
nA=nA*nB*nB;
printf("%d",nA );
```

输出结果不会是 100000000000，因为这个值超出了整型的类型。

7. 使用 printf()函数时应注意哪些情况？

答：（1）注意不要把要输出的变量也放到" "中去，如：

```
printf("%d a");
```

a 为要输出的整型变量，正确写法为

```
printf ( " %d ", a ) ;
```

（2）注意控制输出的格式字符串类型与定义的变量类型相匹配，如：

```
int nA;…; printf("%d", nA);          //正确
float fB;…; printf("%f", fB);         //正确
float fC;…; printf("%d", fC);      //错误
```

第2章
选择控制结构及其应用

2.1 本章学习辅导

2.1.1 选择控制条件

（1）关系运算符：共有 6 个，分别为 >（6）、>=（6）、<（6）、<=（6）、==（7）、!=（7），括号内的数字为该运算符的优先级，下同。

（2）逻辑运算符：共有 3 个，分别为与 &&（11）、或 ||（12）、非 !（2）。

（3）条件运算符：?:（13）。一般形式为

> 表达式 1? 表达式 2:表达式 3;

表达式 1 为真（非 0）执行表达式 2，整个表达式值为表达式 2 的值；表达式 1 为假（0），执行表达式 3，整个表达式的值为表达式 3 的值。

（4）条件表达式：由关系运算符和逻辑运算符组成的表达式，称为条件表达式，它可以构成选择控制条件。

（5）隐式类型转换：当不同数据类型混合运算或把低精度数赋给高精度数时，系统会自动地把低精度的数转换为高精度的数，然后再作运算，以确保整个过程不会丢失精度。数据类型由低到高的排列顺序为：char→short→int→unsigned→long→float→double。

（6）强制类型转换：由高精度数据向低精度数据转换的过程。这种转换可能会造成精义的丢失，系统不能自动进行，一般形式为

> 低精度变量 =（低精度数据类型）高精度数据变量;

例如：int nA; float fB=123.34;　nA=(int) fB; 则 a=123，nA "丢失" 了 fB 的小数部分。赋值表达式本身也具有强制转换的性质，即把赋值符号右边的变量强制转换为赋值符号左边的变量类型，并将转换结果赋给右边的变量，如 nA=fB。

2.1.2 if-else 条件选择控制结构

（1）形式 1：if(条件表达式)　{语句块 1;} 表达式为真（非 0）时，执行语句块。简单的 if 结构流程图如图 2-1 所示。

（2）形式 2：表达式为真（非 0），执行语句块 1，为假（0），执行语句块 2。if-else 结构流程图如图 2-2 所示。

（3）形式 3：按次序考察表达式的值，决定执行哪一语句块，但最终只能执行一个语句块。
if-else-if 流程图如图 2-3 所示。

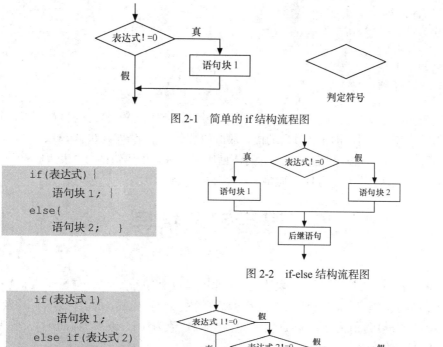

图 2-1　简单的 if 结构流程图

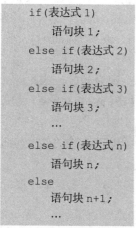

图 2-2　if-else 结构流程图

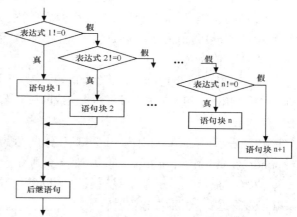

图 2-3　if-else-if 流程图

（4）if 语句的嵌套：将上述三种形式组合起来，可形成 if 语句的嵌套，这时会出现多个 if 和
多个 else 重叠的情况。C 语言规定，else 总是与它前面最近的 if 配对。

```
if (表达式)
{
    if (表达式)
    {
        语句;
    }
}
```

```
if (表达式)
{   if (表达式)
    { 语句;}
}
else
{   if (表达式)
    { 语句;}
}
```

2.1.3　switch 判定结构

当判定条件中的常量或变量只包括字符或整型，且运算关系仅为是否等于（"= ="），则可使

用 switch 判定结构，它是一种更为简洁的多分支选择结构。其一般形式为

```
switch(表达式){
    case 常量表达式 1: 语句块 1; [break;]
    case 常量表达式 2: 语句块 2; [break;]
    …
    case 常量表达式 n: 语句块 n; [break;]
    [default: 语句块 n+1;]
}
```

首先计算表达式的值，然后逐个与 case 后的常量表达式的值相比较。当表达式的值与某个 case 后的常量表达式的值相等时，即执行其后的语句块。如果有 break 语句则跳出 switch 语句块；如果没有 break 语句，则不再进行判断，继续执行下面所有 case 后的语句；如果表达式的值与所有 case 后的常量表达式的值均不相同时，则执行 default 后的语句。

2.2 课后习题指导

1. 填空题

（1）答：0。提示：c&&d 是关系与表达式，两个操作数中有一个为 0，与运算结果为 0。

（2）答：10 20 0。提示：a,b 的值未变。按运算符优先级计算变量 c 的值，运算顺序及值为：a%b，值为 10；a%b<1，值为 0；a/b，值为 0；a/b<1，值为 0；(a%b<1)||(a/b>1)，值为 0；c=(a%b<1)||(a/b>1)，值为 0。

（3）答：4 3 5。提示：t=b;b=a;a=t; 是 3 条语句，是一个语句块，因为 if（b<a && a<c）为假，所以不执行大括号内的语句，是由逗号表达式组成的一条语句，因 if（a<c && b<c）为真而被执行，则有 a=4，b=3，c=5。

（4）答：1。提示：在 if(c=a)中，c=a 为赋值语句，因为 a=1，所以表达式的值永远都为真，只会执行 printf("%d\n",c)；若把 if(c=a)改为 if(c==a)则情况会不同。

（5）答：67G。提示：a，b 均为字符型，参与运算的常量 5、3、6、2 也是字符型，取出它们的 ASCII 码进行运算，然后在输出时转换。

2. 选择题

（1）答：C。提示：选项 A、B、D 没有加取址操作符。

（2）答：B。提示：表达式 a=d/10%9，先运行运算 d/10=2，然后 2%9=2，最后 a=2；因为 a 与-1 都为真，所以 a&&(-1)为真（值为 1），即 b=1。

（3）答：A。提示：1/2 为整除，结果为 0。

（4）答：C。提示：运算符%的操作数必须为整数。

（5）答：B。

（6）答：B。提示：a=1 进入第一层 switch 与 case 1 匹配；b=0 进入第二层 switch 与 case 0 匹配，打印**0**，并退出第二层 switch。由于在 case 1 中没有 break 语句，所以，程序将顺序执行 case 2，打印**2**，退出 switch。

3. 编程题

要点提示：本章的编程题都用到了循环，在做题时，需要阅读一下第 3 章循环的知识内容。

（1）答：

① 问题分析：鸡有两只脚，兔有四条腿；每只鸡或兔都只有一个头，因此，有多少个头，

就有多少只鸡兔；用鸡的头数乘以 2 加上兔的头数乘以 4 就可得脚的数量。

② 数学模型：进行循环测试，鸡的数量从 1 取到 35；兔的数量为总头数减去鸡的数量；当满足鸡的头数乘以 2 加上兔的头数乘以 4 等于 94 时，输出鸡和兔的各自取值。

③ 算法设计：鸡兔同笼流程图如图 2-4 所示。

④ 程序源代码如下：

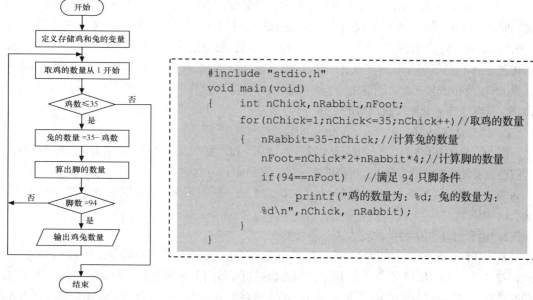

图 2-4　鸡兔同笼流程图

（2）答：

① 问题分析："士兵 3 人一排，结果多出 2 名"的含义就是士兵总人数除以 3 余 2，则余下的排队方式道理相同。

② 数学模型：循环测试士兵总数 iSoldier，取值从 1 开始，满足条件 iSoldier%3== 2&&iSoldier%5== 3&&iSoldier%7==2，则输出士兵数量并退出循环，此处得到的是满足该条件的最少士兵数量。

③ 算法设计：韩信点兵流程图如图 2-5 所示。

④ 程序源代码如下：

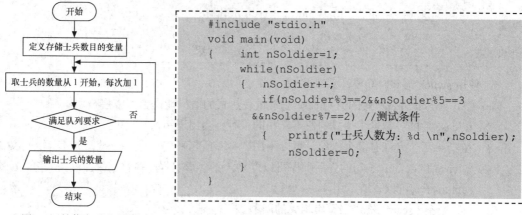

图 2-5　韩信点兵流程图

2.3　实验问题解答

1. 在多个运算符共同组成的条件表达式中如何确定表达式的值？

答：首先要依据运算符的优先级进行运算，然后要注意在形成选择控制结构条件时只有两种值，即真（非 0）和假（0）。如表达式 a=b>3&&d<5，其中>、<的优先级为 6，&&的优先级为 11，=的优先级为 14；因此先运算两个比较运算符，然后执行与运算，最后将与的结果赋予 a。"()"的优先级为 1，是级别最高的符号之一，因此可以通过加"()"来改变表达的运算次序，如 a=(b>3)+3，运算(b>3)，所得值与 3 相加，结果赋予 a，要注意如果该表达式作为 if 的判定条件，即 if(a=(b>3)+3)，由于 a 只有 3 和 4 两种取值，均是非 0，故为真。

2. 条件表达的值。

答：C 语言中条件表达式的值只是用来判断"真"和"假"，如果表达式的值为 0，则条件表达式为假；如果表达式的值为非 0，则条件表达式为真。如 if(a) {语句块 1}，当 a 等于 0，则条件表达式为假，不执行语句块 1；当 a 等于−100、10、20、1⋯所有不为 0 的数时，条件表达式均为真，执行语句块 1。

3. 对于 if 语句中的条件表达式有什么要求？

答：任何合法的表达式都可作为条件表达式。因此，对于 C 语言的初学者来说，总是把关系运算符"=="和赋值运算符"="用混，但都能通过编译并且能够运行，只是有时可能得不到预期的结果。如 if(a=0)和 if(a==0)是不同的，前者是赋值表达式，条件表达式永远为假，因为表达式 a=0 的值为 0；后者是判定 a 是否等于 0，与 a 的取值有关，如果 a 等于 0，则条件表达式为真，否则为假。

4. 在 if 语句的嵌套中 else 与 if 的配对问题。

答：C 语言采用"最近匹配"原则，即 else 与前面最近 if 进行匹配，如下面代码段 1，else 与 if(c>b)进行匹配，而不是 if(a>b)；如果想让 else 与 if(a>b)匹配，则可用大括号改变，如下面代码段 2。

代码段 1

```
    if(a>b)
    if(c>b)
        printf("%d",b);
        else
        printf("%d",a);
```

代码段 2

```
    if(a>b)
    {  if(c>b)
          printf("%d",b);
    }else
        printf("%d",a);
```

5. 使用 switch 语句时需要注意哪些？

答：（1）switch 后表达式的值与 case 后常量表达式的值只能是整型或字符型。

（2）在 case 后的各常量表达式的值不能相同，否则会出现错误。

（3）在 case 后，允许有多个语句，可以不用"{}"括起来。

（4）各 case 和 default 子句的先后顺序可以变动，不会影响程序执行结果。

（5）default 子句可以省略不用。

6. 与输入函数 scanf()格式字符串相关的问题。

答：在本章学习辅导中要求在函数 scanf()的格式字符串中除格式字符外，不要加其他任何字符，因为 C 语言对非格式字符要求必须原样输入，否则会有错误，这样就会造成程序使用者输入的复杂性，如 scanf("%d%d", &a,&b)；在程序运行时，输入可为 3、4；而若为 scanf("a=%d, b=%d", &a,&b)；在程序运行时，输入必须为 a=3,b=4。如果希望有更为友好的界面，可以用函数 printf() 来打印提示，如 printf("请输入 a 的值：");scanf("%d",&a)；printf("请输入 b 的值：")；scanf("%d",&b)；即可。

7. 如何处理函数 scanf()读入"脏"数据？

答：在如代码片段 int a; char c; scanf("%d%c",&a, &c)；运行后，如果输入 10 □ e，用 printf("a=%d, c=%c", a, c)；输出得到 a=10, c=，好像 c 没有被赋值，但是换成 printf("a=%d, c=%d", a, c)；会得到 a=10, c=32，这是因为系统把空格（ASCII 值为 32）当成输入；如果把输 a、b 值的分隔换为回车，结果一样，读入的字符是回车的 ASCII 码值，但并不是所需数据，故称为"脏"数据。要避免这一情况有多种方法：

（1）巧用空格"吃掉"它，如 scanf("%d □ %c",&a, &c);。

（2）用抑制符 "*"，如 scanf("%d **%*c**%c",&a, &c);。

（3）用库函数 getchar()，如 scanf("%d ",&a); getchar();scanf("%c", &c);。

第3章
循环结构及应用

3.1 本章学习辅导

3.1.1 运算符

1. 复合运算符

（1）C 语言中可以参与构成复合运算符的双目运算符有+、−、*、/、%、&、^、|、<<和>>。

（2）由复合运算符组成的表达式为复合赋值表达式，一般形式为

> 表达式 1 Op= 表达式 2；

Op 表示参与构成复合赋值运算符的双目运算符；如+=、−=、*=、/=，它们的优先级都为14。

（3）++ 运算符的含义是自增 1，−−运算符的含义是自减 1；它们的优先级为 2。

要点提示：y++与++y 的区别为，在和其他运算结合在一起时，++i 表示 i 自增 1 后再参与其他运算；而 i++表示 i 参与运算后，i 的值再自增 1。y−−与−−y 同理。

2. 逗号运算符

（1）逗号运算符","是 C 语言中的一种特殊运算符，其优先级为 15，作用是将两个表达式分隔，并从左到右依次计算其值。

（2）用逗号运算符连接起来的表达式称为逗号表达式。逗号表达式的值是其所包含的子表达式中最后一个运算的表达式的值。

3.1.2 for 循环

1. for 循环的一般结构

（1）循环的一般结构如下：

```
for(设置初始值；循环条件判断；设置循环增减量)  □←此处没有分号
{
        语句 1；
        语句 2；
        …
        语句 n；
}  □←此处没有分号
```

（2）设置初始值：可以设置循环控制变量的初始值，它只在循环进入的第一次有效，除此之外，还可在此设置其他变量的初值。

（3）循环条件的判断：在每一次执行循环之前，都要检查条件表达式的值，为真（非 0）时执行循环体，为假（0）时退出循环。

（4）设置循环增减量：设置每次重复循环时对控制变量的值如何进行修改，可以使用任何合法的表达式来更改变量的值，每次执行完循环体后，都要执行这部分的内容。

（5）括号中的分号是表达式之间的分隔符，不是语句结束的标志，一定不能省略! 但括号中的任意一个表达式均可省略不写。

（6）循环体的"语句"部分，可以是一个简单语句，也可以是复合语句（即多条语句）；如果循环体中只有一条语句的话，花括符"{}"可以省略。

2．for 循环的执行过程

（1）for 循环的流程图，如图 3-1 所示。

（2）for 循环是一个入口条件循环，先判断后执行，循环可能一次也不执行。

（3）若循环条件表达式为真（非 0），则执行 for 语句中指定的内嵌语句。

（4）若循环条件表达式为假（0），则结束循环。

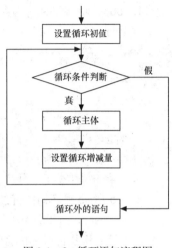

图 3-1 for 循环语句流程图

3.1.3 while 循环

1．while 循环的一般结构

（1）while 循环的一般结构如下：

```
while（条件判断）    □←此处没有分号
{
        语句1;
        语句2;
        …
        语句n;
}  □←此处没有分号
```

（2）"条件判断"可以是 C 语言任意合法的表达式，用来控制是否要执行循环体。

（3）循环体的"语句"部分，可以是一个简单语句，也可以是复合语句。如果循环体中只有一条语句的话，花括符"{}"可以省略。

2．while 循环的执行过程

（1）while 循环语句流程图，如图 3-2 所示。

（2）与 for 循环相似，先判断后执行，循环可能一次也不执行。

（3）当条件判断表达式的值为真（非 0）时，执行循环体。

（4）当条件判断表达式的值为假（0）时，结束循环的执行。

3．要点提示

while 循环与 for 循环使用的区别和联系如下。

（1）联系：while 循环的执行流程与 for 循环相似，都是先判断后执行，因此，在实际的应用

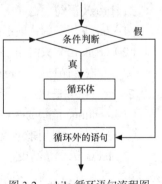

图 3-2 while 循环语句流程图

中，两者可以相互转换。

（2）区别：while 循环一定要在循环体内包含改变条件判断表达式值的语句，使表达式的值最终为假而退出循环。通常在设计时，在 while 循环结构中，不需要知道循环的次数，而在 for 循环中需要知道循环次数。

3.1.4　do while 循环

1.　do while 循环的一般结构

（1）do while 循环的一般结构如下：

（2）条件判断和花括符"{}"的使用与 while 循环相同。

2.　do while 循环的执行过程

（1）do while 循环语句流程图，如图 3-3 所示。

（2）第一次执行循环体时无须判断，后续循环的执行与 while 循环的执行流程相同。

（3）do 必须与 while 一起使用。

（4）循环体中必须要有改变控制循环执行条件的语句，否则循环无法结束。

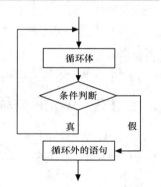

3.　要点提示

do while 循环与其他循环最大的不同在于：其他循环都是先判断后执行，因此循环体可能一次也不被执行，而在 do while 循环中，循环体的第一次执行，无需对条件进行判断。

图 3-3　do while 循环语句流程图

3.1.5　循环的中断

1.　break 语句

（1）break 语句的一般形式：break;。

（2）break 语句只能用于循环语句和 switch 语句中。

（3）在嵌套循环中，break 语句只能终止它所在的本层循环。

2.　continue 语句

（1）continue 语句的一般形式：continue;。

（2）continue 只用来结束本次循环，从而进行下一次的条件判断。

（3）break 语句是结束本层循环过程，不再判断执行循环的条件是否成立；而 continue 语句只是结束本次循环，并不是终止本层循环。

3.　goto 语句

（1）goto 语句的一般形式：goto 语句标号;。

（2）goto 语句与 if 语句构成循环结构。

（3）goto 语句可从循环体内跳转到循环体外，但是这种用法不符合结构化原则，因此一般不采用。

（4）goto 语句为无条件转向语句，滥用 goto 语句将使程序的流程无规律、可读性差，因此不建议过多地使用 goto 语句。

3.1.6　关于循环的一些问题

1. 循环的嵌套

for 循环、while 循环和 do while 循环可以互相嵌套，读者可根据自己的需要任意组合。

2. 无限循环

（1）无限循环也叫死循环，就是不断地循环执行同一段代码。

（2）合理的使用无限循环会帮助解决一些实际的应用需求，但是一定不要忘记了设置循环结束的约束。通常，当满足某个条件时，用 break 语句中断循环。

3. 循环语句的选择

在使用循环时，要根据实际情况明确需要使用的循环是先进行条件判断后执行循环，还是先执行循环然后判断条件，这样便可快速确定循环结构，继而开始进一步的编程。

3.2　课后习题指导

1. 填空题

（1）答：没有输出结果。

提示：表达式（k<=n）的值永远为真，构成了无限循环。

（2）答：8，5，2。**提示**：y 的初值为 10，当 y>0 时执行循环，则 y 的值在 1 到 10 之间。当满足条件 y%3==0 时，才会打印 y，在区间[1,10]之间满足条件的 9、6、3，打印 y 前先进行--操作，所以为 8、5、2。

（3）答：x >= 0；x < fMin。

2. 选择题

（1）答：D。

提示：关键在于表达式（x%2）的值是 1 还是 0，为 1 时执行（**%d）；为 0 时执行（##%d\n）。

（2）答：D。

提示：区别 y--与-y 参与运算时的不同之处。

（3）答：C。

提示：每进入第一层循环时，先将 s 赋值为 1，然后进入第二层循环；每进入第二层循环时，j 的值都将被更新为 k 的值，继而进行后续的计算。

（4）答：B。

提示：while(x--);循环的循环体是一个分号，表示其是一个含有空语句作为循环体的循环语句，直到 x 为 0 时退出循环，因为是 x--，所以在判断 x=0 后，退出循环后，其值再减 1。while 循环的循环体不是 printf 函数。

3. 编程题

（1）答：

① 算法设计如图 3-4 所示。

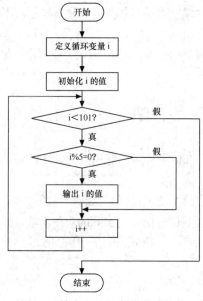

图 3-4   输出 1～100 被 5 整除的数

② 根据图 3-4 实现的程序代码如下：

```
#include <stdio.h>
void main(){
    int i=1;                            //定义循环变量 i
    while(i<101)                        //设置循环条件
    {
        printf((i%5)?(""):("%d\n"),i);  //当 i 能被 5 整除时输出
        i++;                            //循环变量增加 1
    }
}
```

（2）答：

① 算法设计如图 3-5 所示。

② 根据图 3-5 实现的程序代码如下。

方法一：

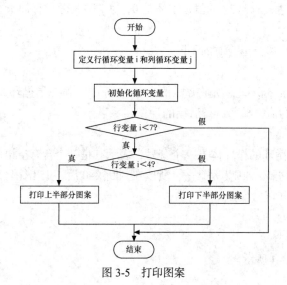

图 3-5   打印图案

```
#include <stdio.h>
void main(){
     int i,j;                              //i 为控制行变化的循环变量，j 为控制列变化的循环变量
     for(i=0;i<7;i++)                      //共需打印 7 行
     {
          if (i<4){                        //打印上半部分图案
             for(j=3-i;j>0;j--)            //控制打印上半部分的空格
             printf(" ");
          for(j=0;j<(2*i+1);j++)           //控制打印上半部分的*
             printf(" *");
          } else{                          //打印下半部分图案
                for(j=i-3;j>0;j--)         //控制打印下半部分的空格
                   printf(" ");
                for(j=13-2*i;j>0;j--)      //控制打印下半部分的*
          printf(" *");
          }
          printf("\n");
     }
}
```

方法二：

```
#include <stdio.h>
void main(){
int i,j;
     for(i=0;i<4;i++)                      //打印上半部分图案
     {
         for(j=3-i;j>0;j--)                //控制打印上半部分的空格
            printf(" ");
         for(j=0;j<(2*i+1);j++)            //控制打印上半部分的*
            printf(" *");
         printf("\n");
     }
     for(i=3;i>0;i--)                      //控制打印下半部分的图案
     {    for(j=0;j<(3-i)+1;j++)           //控制打印下半部分的空格
            printf(" ");
         for(j=0;j<(2*i-1);j++)            //控制打印下半部分的*
            printf(" *");
         printf("\n");
     }
}
```

（3）答：

① 算法设计如图 3-6 所示。

② 根据图 3-6 实现的程序代码如下。

方法一：

```
#include<stdio.h>
main(void)
{
 int i,j,k;
for(i=1;i<=9;i++)                         //百位数字从 1 到 9
for(j=0;j<=9;j++)                         //十位数字从 1 到 9
for(k=0;k<=9;k++)                         //个位数字从 1 到 9
```

```
if((i*i*i+j*j*j+k*k*k)==(i*100+j*10+k))        //判断是否满足要求
    printf("%d%d%d\t",i,j,k);                  //打印出该"水仙花数"
}
```

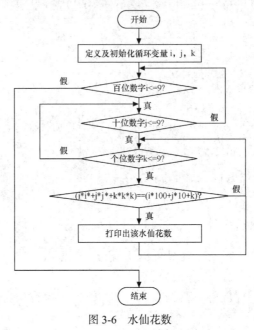

图 3-6　水仙花数

方法二：

```
main(void)
{
    int i,j,k,n;
    printf("'water flower'number is:");
    for(n=100;n<1000;n++)                      //判断所有的三位数
    {
        i=n/100;                               //分解出百位
        j=n/10%10;                             //分解出十位
        k=n%10;                                //分解出个位
        if(i*100+j*10+k==i*i*i+j*j*j+k*k*k)    //判断是否满足要求
        {
            printf("%-5d",n);
        }
    }
    printf("\n");
}
```

（4）答：

① 程序分析：对 n 进行分解质因数，应先找到一个最小的质数 i，然后按下述步骤完成。

步骤 1，如果这个质数恰等于 n，则说明分解质因数的过程已经结束，打印出即可。

步骤 2，如果 n<>i，但 n 能被 i 整除，打印出 i 的值，并用 n 除以 i 的商，作为新的正整数 n，重复执行步骤 1。

步骤 3，如果 n 不能被 i 整除，则用 i + 1 作为 i 的值，重复执行步骤 1。

② 算法设计如图 3-7 所示。

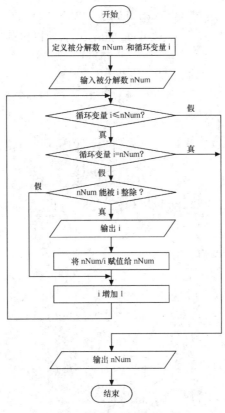

图 3-7 分解质因数

③ 根据图 3-7 实现的程序代码如下：

```c
#include <stdio.h>
main(void){
    int nNum,i;
    printf("\nplease input a number:\n");
    scanf("%d",&nNum);                    //输入要分解的数
    printf("%d=",nNum);
    for(i=2;i<=nNum;i++){                 //从最小的质数 i=2 开始判断
        while(nNum!=i){                   //当 i 不等于要分解的数
            if(nNum%i==0){                //若 i 能被 n 整除
            printf("%d*",i);              //则打印出 i
            nNum=nNum/i;                  //n 更新为 n/i
            }
            else                          //若 i 不能被 n 整除，则跳出本层循环，执行 i++
                break;
        }
    }
    printf("%d\n",nNum);
}
```

4. 思考题

（1）这是由逻辑表达式 i < 3 && iFlag = (87569！= iPwd)的运算顺序决定的，从程序的执行看，当第三次执行输入操作时，应该是循环的第四次执行，即此时 i = 4，故 i < 3 的条件为假，由于"与"

运算符的性质，这时整个表达式 i < 3&& iFlag =（87569 ! = iPwd）的值为假，因此 iFlag =（87569 ! = iPwd）表达式没有被执行到，故 iFlag 的值为 1，所以输出结果为"over the times and the password you input is error!"。

（2）

```
double cosx(double x)
{
double result = 1, temp = 1;
double den = x, fac = 1;                //den 为分子，fac 为阶乘 分母
int n = 1, sign = 1;
while ((temp>1e-5) || (temp<-1e-5))   //展开级数
{
    n++, fac *= n, den *= x;
    temp = den / fac; sign = -sign;
    result = sign>0 ? result + temp : result - temp;
    n++, fac *= n, den *= x;

}
return result;
}
void main()
{
    double a, b;
    scanf_s("%lf", &a);
    b = cosx(a);
    printf("cos(%lf)=%lf", a,b);
    system("pause");
}
```

3.3　实验问题解答

1．如何理解 for 语句括号内的分号？

答：括号中的分号是一定不能省略的，因为括号中是 3 个表达式，并非 3 条语句，分号是表达式的分隔符。

2．如何正确使用 i++ 与 ++i，i−− 和 −−i？

答：无论是 i++ 还是 ++i，均等价于 i=i+1，但是，这两个表达式在参与其他运算时是有区别的。i++ 表示 i 参与运算后，i 的值自增 1，而 ++i 表示 i 自增 1 后再参与其他运算。同理，i−− 是 i 参与运算后，i 的值自减 1，而 −−i 是 i 自减 1 后再参与其他运算。例如，将课后习题 1.（2）中的 printf(" %d",y−); 改为 printf(" %d",−y); 则输出的结果将由 963 变为 852。

3．使用 while 循环时应该注意哪些问题？

答：（1）while 循环为先判断后执行的循环，当判断条件为真时才执行循环语句。

（2）循环体的语句一般要放到花括符"{}"内，如果循环体中只有一条语句，花括符可以省略。

（3）循环体内要包含改变条件判断表达式值的语句，使表达式最终为假而退出循环。

4．while 循环与 do while 循环的区别。

答：while 循环与 do while 循环的区别，while 循环是先执行条件判断中的表达式，后决定是否执行循环体语句；而 do while 循环是先执行一次循环体，再进行条件判断。两种循环在一般情

况下是等价的，但在第一次进入循环时就不满足判断条件的情况下，是不等价的。例如：

```
n=1;
while(n<1)
{
    printf("%d",n);
}
```

```
n=1;
do{
    printf("%d",n);
}while(n<1);
```

由于 while 循环是先判断后执行，第一段程序因为不满足 n < 1 的判断条件，故一次也不执行；而 do while 循环先执行一次循环体后再进行条件判断，故 printf("%d " , n); 被执行了一次。

5. 三种循环的比较。

答：（1）三种循环均可以用来处理同一个问题，一般情况下可以互换。

（2）for 循环的循环变量初始化可在循环语句之前完成，也可通过表达式 1 来完成；while 循环和 do while 循环的循环变量初始化必须在循环语句之前完成。

（3）for 循环可在表达式 3 中包含控制循环结束的表达式，也可将表达式 3 省略，在循环体中包含控制循环结束的表达式；而 while 循环和 do while 循环，能且只能在循环体中包含控制循环结束的表达式。

（4）for 循环和 while 循环都是先判断后执行的循环，而 do while 循环是先执行后判断的循环。

三种循环的特性列表见表 3-1。

表 3-1　　　　　　　　　　　　　　三种循环特性列表

循环特性	循环种类		
	for 循环	while 循环	do while 循环
前置条件检查	是	是	否
后置条件检查	否	否	是
循环体中是否需要自己更改循环控制变量的值	否	是	是
循环重复的次数	一般已知	未知	未知
最少执行循环体次数	0 次	0 次	1 次
何时重复执行循环	循环条件成立	循环条件成立	循环条件成立

6. 如何理解逗号运算符？

答：逗号运算符是 C 语言中的一种特殊运算符，它的作用是将两个表达式分隔，并从左到右依次计算其值。另外，用逗号运算符连接起来的表达式称为逗号表达式，举例如下。

表达式 1, 表达式 2

整个逗号表达式的值等于表达式 2 的值，即用逗号运算符连接的最后一个表达式的值。

7. 使用循环嵌套时，需要注意什么呢？

答：（1）内层循环的控制变量和外层循环的控制变量不能同名，否则会造成混乱。

（2）循环嵌套不能产生交叉，即在一个循环体内必须完整的包括另一个循环。

（3）对嵌套的各层循环，建议使用花括符 "{}" 将本层循环的循环体括起来，以确保逻辑上的正确性。

8. break 语句与 continue 语句的区别是什么？

答：break 语句是用来结束本层循环过程，不再判断执行循环的条件是否成立；而 continue 语句只用来结束本次循环，并不是终止本层循环。

第4章
模块化设计与应用

4.1 本章学习辅导

4.1.1 模块化程序设计方法

1. 程序设计中的模块

在进行程序设计时，常把一个大的程序划分为若干个相对独立的小程序，每个小程序完成一个确定的功能，在这些小的程序之间建立必要的联系，互相协作完成整个程序所要完成的功能，这些小程序被称为模块。

（1）通常规定模块只有一个入口和出口，使用模块的约束条件是入口参数和出口参数。

（2）选择不同的程序模块进行不同组合就可以形成不同的系统架构和功能。

（3）模块化的程序设计既可以保证设计逻辑的正确性，也适合于项目的集体开发。

（4）C语言中的模块通常以函数为单位。

2. 程序中的模块化设计思想

将整个系统（或程序）分解成若干功能独立的模块，分别设计、编程和测试。相当于将大的问题分解成若干小问题，将小问题再进一步细分为更小的问题，直至能够用较简单的方法解决为止。小问题被逐一解决之后，大问题也就迎刃而解了。程序中模块化设计特点如下。

（1）程序员能单独地负责一个或几个模块的开发。

（2）开发一个模块不需要知道系统其他模块的内部结构和编程细节。

（3）模块之间的接口尽可能简明，模块应尽可能彼此隔离。

（4）局部可修改性：对整个系统的一次修改只涉及少数几个模块，这种局部性的修改不仅能满足系统修改的要求，而且不会影响系统已经具有的良好质量。

（5）易读性：每个模块的含义和职责明确，模块之间的接口关系清楚，从而降低了复杂性，使得阅读和理解比较容易。

（6）易验证性：每个模块的正确性可以单独进行测试，从而降低了验证的难度，只有每个模块正确，才可能使整个系统的正确性得到保障。

4.1.2 函数

1. 自定义函数

（1）程序员为实现特定的功能而设计的函数称为自定义函数，其一般形式为

```
函数类型　函数名（参数列表）{
    函数体；
    返回语句；
}
```

① 函数类型。

· 函数类型决定了函数的返回值类型。

· 函数类型可以是除了数组以外的所有类型，缺省情况下默认为 int 类型。例如：sum(int a,int b)等价于 int sum(int a,int b)。

② 函数名。

· 函数名是函数的唯一标识，函数名与函数名之间、函数名与变量名、在同一函数中的变量名与变量名都不能重名。

· 函数名的命名规则和变量一样，可由任何合法的标识符构成。回忆一下合法标识符的定义：标识符由字母、下划线、数字这三个方面组成，但开头必须是字母或下划线。另外，关键字不能是标识符，如 main、int 等。

· 为了增强程序的可读性，建议将函数的功能和函数的命名建立一定的联系。最简单的方式可用相关的英文来命名函数。

③ 参数列表。

· 参数列表一般形式：

```
数据类型　形式变量 1,数据类型　形式变量 2,…
```

· 形式参数之间用逗号分隔。

④ 返回值。

· 函数的返回值是通过函数中的 return 语句获得的。

· return 语句一般形式：

```
return（返回表达式）;
```

· 一个函数可以有多个返回语句，但是最终只能执行一条语句，即函数的返回值至多只有一个。

· 在程序设计中，有时候不需要返回值，函数开头设置"void"或没有任何类型修饰，相应地，在函数体内也没有 return 语句，都是 C 语言所允许的。

· return 语句中返回值表达式的类型应与在函数声明中的函数类型一致，如果不一致，则以函数类型为准。

⑤ 要点提示。

· 函数定义不允许嵌套，即不允许在一个函数的函数体中出现另一个函数的定义。

· C 语言中，所有的函数都是平行的、地位相同的（包括 main 函数）。

· 函数的定义可以放在程序中的任意位置。由于 C 语言为面向过程的语言，若某函数在主调函数之后定义并且在主调函数中被调用，则需要在被调用前声明该函数。

（2）函数声明的一般形式为

```
函数类型　函数名（参数列表）;
```

函数声明的一般形式与函数定义非常相似，只是没有函数体且末尾需加分号。当函数的定义写在调用函数语句之后，则需要函数声明。函数声明可以在函数调用之前的任何地方。需要注意的是函数的声明不是必需的，在以下三种情况下可以省略在主调函数中或之前对被调用函数的声明。

① 被调函数的函数定义出现在主调函数之前。因为在调用之前，编译系统已经知道了被调用函数的返回值类型、参数的类型、个数及顺序。

② 在所有函数定义之前，在函数外部预先对各个函数进行了声明。

③ 被调用函数的函数类型为 int 型。因为在调用函数之前，若没有对函数做声明，编译系统自动会把第一次遇到的该函数形式(函数定义或函数调用)作为函数声明，并将函数类型默认为 int 型。

（3）函数调用的一般形式为

函数名（实参列表）；或 变量名 = 函数名（实参列表）；

调用时，要注意以下几点。

① 变量名的类型必须与函数类型相同。

② 实参列表的一般形式为

实参变量 1,实参变量 2,…

在使用时，实参列表可以包含多个表达式，但要求实参必须在类型上按顺序与形参一一对应和匹配。实参可以是常量、变量或表达式，但其值必须是确定的。如果实参列表中包括多个表达式，需要先求出每个表达式的值，才能赋给形参。

③ 调用是实参与形参结合的过程，实际上相当于一个赋值表达式，即为形参变量 = 实参变量，当赋值完毕，进入被调函数的内部后，实参变量与形参变量分离，在被调函数内部对于形参变量的本身改变不会影响到主调函数中实参变量。

④ 调用函数的三种方式。

● 函数表达式：函数作为表达式的一项，出现在表达式中，以函数返回值参与表达式的运算，这种方式要求函数是有返回值的。

● 函数语句：C 语言中的函数可以只进行某些操作而不返回函数值，这时的函数调用可作为一条独立的语句。

● 函数实参：函数作为另一个函数调用的实参出现。这种情况是把该函数的返回值作为实参进行传送，因此要求该函数必须是有返回值的。

2. 函数的调用过程

一个 C 语言程序经过编译链接以后生成可执行的代码，形成后缀为.exe 的文件，存放在外存储器中。当程序被启动时，首先从外存储器将程序代码装载到内存的代码区，然后从入口地址（main()函数的起始处）开始执行。程序在执行过程中，如果遇到了对其他函数的调用，则暂停当前函数的执行，保存下一条指令的地址（即返回地址，作为从被调用函数返回后继续执行的入口点），并保存现场（如中间变量等），然后通过跳转指令转到被调用函数的入口地址，执行被调用函数。当遇到 return 语句或者被调用函数结束时，则恢复先前保存的现场，并从先前保存的返回地址开始继续执行。执行过程如图 4-1 所示。

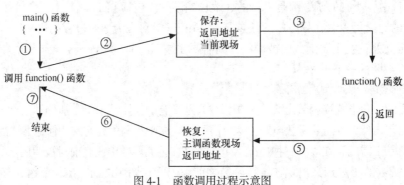

图 4-1 函数调用过程示意图

3. 库函数

为了方便程序员更好地编写程序,C 语言建立了一套具有一定功能的函数的集合供程序员调用,这个集合称为函数库,它的扩展名为.lib,其中的函数称为库函数。使用库函数要注意以下几点。

（1）为了对知识产权进行保护,函数库中的源代码不能阅读,为二进制文件,以文本方式打开后为乱码。

（2）扩展名为.h 的文件为与函数库对应的头文件,包含了库函数的名称、参数、返回值及简单的调用方法说明,可以以文本方式打开并阅读,相当于函数的声明文件。有多少个函数库就有多少个头文件与之对应。

（3）调用库函数时,需要引入的是包含该库函数的头文件,而不是函数库。

（4）引入头文件的方法是使用预编译指令 include,其一般形式为

```
#include "stdio.h" 或 #include <stdio.h>
```

4.1.3　预处理

在 C 语言中,凡是以 "#" 开头的均为预处理命令。预处理不是 C 语言本身的组成部分,不能直接对它们进行编译,同时,预处理指令也不是 C 语言语句,因此末尾不用加分号。

1. 文件包含

"include" 被称为文件包含命令,功能是把指定的文件插入该命令行位置取代该命令行,从而把指定的文件和当前的源程序文件连成一个源文件。

文件包含有两种形式,形式如下:

```
#include "文件名" 或   #include <文件名>
```

要点提示:

① 一个#include 命令只能指定一个被包含文件,如果要包含 n 个文件,必须要用 n 个#include 命令。

② 文件包含允许嵌套。例如文件 1 包含文件 2,而文件 2 中要用到文件 3 的内容,则可在文件 1 中用两个#include 命令分别包含文件 2 和文件 3,且文件 3 应出现在文件 2 之前,即在文件 1 中定义。

③ 文件包含命令的功能是把指定的文件插入该命令行位置取代该命令行,从而把指定的文件和当前的源程序文件连成一个源文件。

④ 如果需要修改一些常数,不必修改每个程序,只需修改一个文件（头部文件）即可。

2. 宏命令

在 C 语言中,宏是用一个标识符来表示一个字符串。宏命令分为无参数的宏和有参数的宏。

（1）无参数的宏的一般格式为

```
#define　标识符 字符串
```

字符串可以是常数、表达式、格式串,例如:

```
#define MAX 1000              //MAX 代替常数 1000
#define ADD (num1+num2)       //ADD 代替表达式: num1 + num2 完成加运算
#define P printf              //P 代替函数 printf 名字
```

要点提示:

① 被定义为宏的标识符,称为宏名。

② 宏展开：在预处理时，对程序中所有出现的"宏名"都用宏定义的字符串去替换。宏展开只是用字符串简单地去代替宏名，预处理不做任何处理。所以，以下定义在使用时得到的结果往往不同：

```
#define M (y*y+y) 与 #define M y*y+y
```

③ 习惯上宏名用大写字母表示，便于与变量区别。

④ 宏定义允许嵌套，在宏定义的字符串中可以使用已经定义的宏名。例如：

```
#define M (y*y+y)
#define N M*M
```

⑤ 宏定义仅起替换作用，并不作任何检查。

（2）有参数的宏的一般格式为

```
#define 宏名(形参表) 字符串
```

例如：

```
#define M(y) y*y+3*y /*宏定义*/
k=M(5);              /*宏调用*/
```

要点提示：

① 对于有参数的宏，在调用中，不仅要展开宏，而且要用实参去代替形参。

② 有参数宏的定义中，宏名和形参表之间不能有空格出现。形参可以有多个，中间用逗号隔开。

③ 有参数宏的定义中，形参不分配内存单元，因此不必作类型定义。实参有具体的值，是用来代换形参的，因此必须进行类型说明。

④ 宏定义必须写在函数之外，它的作用域为定义命令之后到本源程序结束。

⑤ 若要终止宏定义的作用域，可使用#undef。

⑥ 在宏定义中，字符串内的形参通常要用括号括起来以避免出错。

易错点：

一定要多注意形参的符号。例如#define M(y) y*y 与#define M(y) (y)*(y)可能有很大的不同！

3. 条件编译

条件编译可对程序代码的各个部分有选择地编译，条件编译的命令有：#if、#else、#elif、#endif、#ifdef、#ifndef。

（1）条件编译的命令 #if、#elif、#else、#endif 可有两种基本组合形式。

第 1 种形式如下：

```
        #if  表达式
             语句段 1
        #else
             语句段 2
#endif
```

如果"表达式"的值为真，则编译"语句段 1"，否则编译"语句段 2"。#else 及其后面的语句段 2 可以省略，但#endif 不可以省略！

第 2 种形式如下：

```
        #if  表达式 1
             语句段 1
```

```
#elif    表达式 2
            语句段 2
#elif    表达式 3
            语句段 3
        ......
#else
            语句段 n
#endif
```

如果"表达式 1"为真，则编译"语句段 1"，否则判断"表达式 2"；如果"表达式 2"为真，则编译"语句段 2"……直到"表达式 $n-1$"为假时，编译语句段 n 为止。

（2）条件编译的命令#ifdef 和#ifndef。

① #ifdef 的基本形式如下：

```
#ifdef 宏名
        语句段
#endif
```

如果在之前已经定义了"宏名"，则编译"语句段"。

② #ifndef 的基本形式如下：

```
#ifndef 宏名
        语句段
#endif
```

如果在之前没有定义"宏名"，则编译"语句段"。需注意的是#else 可用于#ifdef 和#ifndef 中，但是#elif 却不可以，例如：

```
#include <stdio.h>
#define A 10
void main()
{    int a = 10;
    #if a>100
        printf("a>100\n");
    #elif a>60
        printf("a>60\n");
    #else
        printf("a<=60\n");
    #endif
```

```
#ifdef A
        printf("A已定义\n");
#endif

#ifndef B
        printf("B 未定义\n");
#endif
}
```

预编译指令运行结果如图 4-2 所示。

图 4-2　预编译指令运行结果

4.1.4　其他

若在 C 语言程序中需要调用操作系统中的命令，可使用 system 函数，调用的一般形式为

```
system("命令名");
```

例如，在程序执行中需要调用在 cmd 命令行下的刷屏命令 cls，写为：system("cls")；在 vs 等 IDE 中通常需要 system("pause")等函数使得命令行窗口保持。

4.2 课后习题指导

1. 选择题

（1）答：D。提示：函数声明的一般形式为：函数类型 函数名（参数列表）；其中函数类型决定了函数返回值类型，故选择 D。选项 A，return 语句只是用来返回函数的值，它不决定函数的返回值的类型，返回类型必须与声明时的函数类型相同。（2）答：C。（3）答：B。（4）答：A。提示：函数不可以嵌套定义，但允许递归。（5）答：A。提示：函数定义的格式为：函数类型 函数名（类型 变量，类型 变量，……）{……}选项 A 正确。选项 B，参数列表中，各个参数应该用逗号间隔；选项 C，改格式为函数的声明；选项 D，参数列表中每个参数必须明确指出其类型，而不能像变量的声明一样，此处希望读者注意。

2. 填空题

（1）答：3。提示：程序最后输出 k 值，k 的值为函数 f()的返回值，函数 f()的返回值与形式参数无关，恒为 3。因为在函数中执行了"a=c++，b++;"，因此两次循环后，k 的值为 3。（2）答：x=93。提示：程序考查了有参数的宏和无参数的宏。语句 x = 3*(A + B(7)) 的执行相当于 x = 3*(3 + ((3 + 1)*7))，因此程序输出 93。（3）答：27。提示：T(a + b)*T(a + b) 等价于 a + b%a + b*a + b%a + b，即 3 + 5%3 + 5*3 + 5%3 + 5 = 27，读者应注意宏替换只是机械地简单替换，不作逻辑上的语法检查，结果往往出人意料。（4）答：7   15   25。**提示：注意自增运算符，此题便不难解答。**（5）答：s=20。提示：s 在循环体内的值没有超过 100，程序执行就在此循环后退出，s 在 9 次循环中的值依次是：4 6 8 10 12 14 16 18 20，即最后退出循环 s=20。

3. 编程题

（1）答：

① 问题分析：设一个循环从 1 开始，到 n 结束为止，逐个检测是否满足亲密数的条件即可。求解亲密数采用函数来实现。

② 数学模型：一个正整数 a 是否是 b 的因子可用取余来判断，即为 b%a==0；求一个数的所有因子之和采用累加法。

③ 算法设计：亲密数主函数流程图和亲密数 funfind()流程图如图 4-3 和图 4-4 所示。

④ 程序源代码如下。

据图 4-3 所实现的 main()函数：

```c
#include <stdio.h>
void main()
{
    int n;
    printf("请输入 n(100<n<1000):");//输入正整数 n
    scanf("%d",&n);
    funfind(n);//调用函数 funfind()完成功能
}
```

据图 4-4 所实现的函数 funfind()：

```c
void funfind(int p)
{    int a,i,b,n;
     for(a=1;a<p;a++)
```

```
            {
                for(i=1,b=0;i<a;i++)   //计算 a 的因子之和 b
                        if(!(a%i))
                                b+=i;
                        for(i=1,n=0;i<b;i++) //计算 b 的因子之和 n
                                if(!(b%i))
                                        n+=i;
                    if(n==a)              //若 n==a，则 a，b 是一对亲密数
                            printf("%6d--%-6d",a,b);
            }
        printf("\n");           //输出换行只是为了美化需要
    }
```

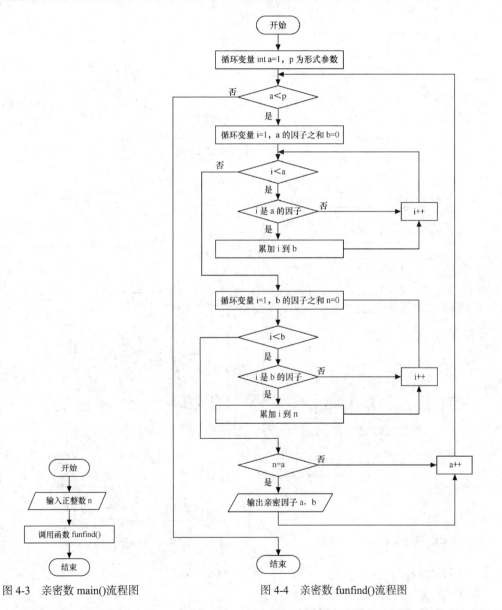

图 4-3　亲密数 main()流程图　　　　　　　图 4-4　亲密数 funfind()流程图

（2）答：

① 问题分析：一个回文素数无论从左读，还是从右读，大小相同，且要求该数字为质数。

本题中用函数来判断该整数是否为质数。

② 数学模型：质数指在一个大于 1 的自然数中，除了 1 和此整数自身外，不能被其他自然数整除的数。为了找到所有的小于 1000 的回文数字，采用三重循环分别取百位（1～9）、十位（0～9）与个位（0～9），以 s = i*100 + j*10 + k；（从左往右）组合后产生 1～1000 的所有的整数。回文数字从左读与从右读大小相同，则当 t = k*100 + j*10 + i（从右往左），有 s==t 即可得到一个回文数字。需要注意的是，从右向左读的过程中，可能会产生错误，例如 500 倒过来读变为 5，在编程的时候需要注意。

③ 算法设计：回文素数 main()流程图和正数 isprime 流程图如图 4-5 和图 4-6 所示。

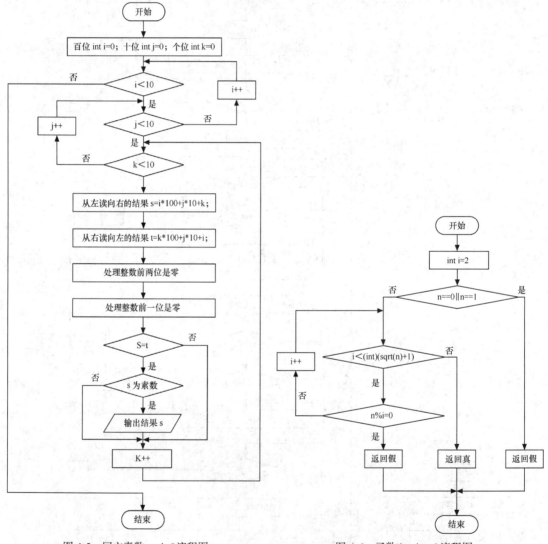

图 4-5　回文素数 main()流程图　　　　图 4-6　函数 isprime()流程图

④ 程序源代码如下。

据图 4-5 所实现的 main()函数：

```c
#include <stdio.h>
#include <math.h>
void main()
```

```
{       int i,j,k,t,s;
        printf("不超过 1000 的回文素数有：\n");
        for(i=0;i<10;i++)
                for(j=0;j<10;j++)
                        for(k=0;k<10;k++)
                        {       s=i*100+j*10+k;
                                t=k*100+j*10+i;
                                if(i==0&&j==0)          //处理整数前两位为 0 的情况
                                        t=t/100;
                                else if(i==0)           //处理整数的第一位为 0 的情况
                                        t=t/10;
                                if(s==t&&isprime(s))
                                        printf("%d\t",s);
                        }
}
```

据图 4-6 所实现的函数 isprime()：

```
int isprime(int n)//判断 n 是否为素数
{
        int i;
        if(n==0||n==1)
                return (0);
        for(i=2;i<=(int)(sqrt(n)+1);i++)             //除 n 和 1 之外是否有其他因数
                if(n%i==0)
                        return (0);
        return(1);
}
```

（3）答：

① 问题分析：首先应该产生 1～1000 中所有偶数 K；然后从 2 开始，到 K 结束，逐个寻找两个素数之和为 k，如果一个数为 i，那么另一个数为 k-i。

② 算法设计：歌德巴赫猜想 main()流程图如图 4-7 所示。

③ 程序源代码如下。

据图 4-7 所实现的 main()函数：

```
#include <stdio.h>
#include <math.h>
#define N 1000
int isprime(int n);
void main()
{
        int i,n;
        for(i=4;i<N;i=i+2)
                for(n=2;n<i;n++)
                        if(isprime(n)&&isprime(i-n))
                        {
                                printf("%d=%d+%d\t",i,n,i-n);
                                break;      //找到一个就退出循环,寻找下一个偶数的质数和
                        }
}
```

求素数的流程图及源代码见编程题（2）。

（4）答：

① 问题分析：根据目击者提供的车牌号的信息，先枚举出四位数的所有可能，然后再判断

是否为另一个数的平方，如果是的话，输出结果。

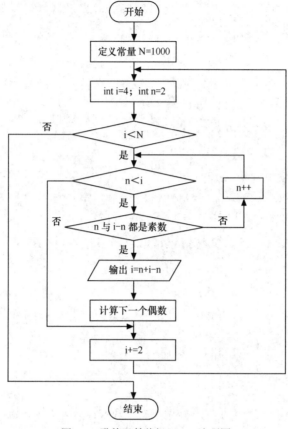

图 4-7　歌德巴赫猜想 main()流程图

② 数学模型：因为四位数的前两位和后两位数字相同，因此利用两重循环可以枚举出所有满足条件的四位数，可用构造法 k=i*1000+i*100+j*10+j，此外需要注意的是千位和百位不为零，循环从 1 开始。

③ 算法设计：抓交通肇事犯 main()流程图如图 4-8 所示。

④ 程序源代码如下所示。

```c
#include <stdio.h>
void f(void)
{
    int i,j,k,c;
    for(i=1;i<=9;i++)                      /*i:车号前二位的取值*/
        for(j=0;j<=9;j++)                  /*j:车号后二位的取值*/
            if(i!=j)                       /*判断二位数字是否相异*/
            {
                k=i*1000+i*100+j*10+j;     /*计算出可能的整数*/
                for(c=31;c*c<k;c++);       /*判断该数是否为另一整数的平方*/
                    if(c*c==k)
                        printf("Lorry--No. is %d.\n",k);
                                           /*若是，打印结果*/

            }
```

```
}
void main()
{
        f();
}
```

（5）答：

① 算法设计：海伦公式流程图如图 4-9 所示。

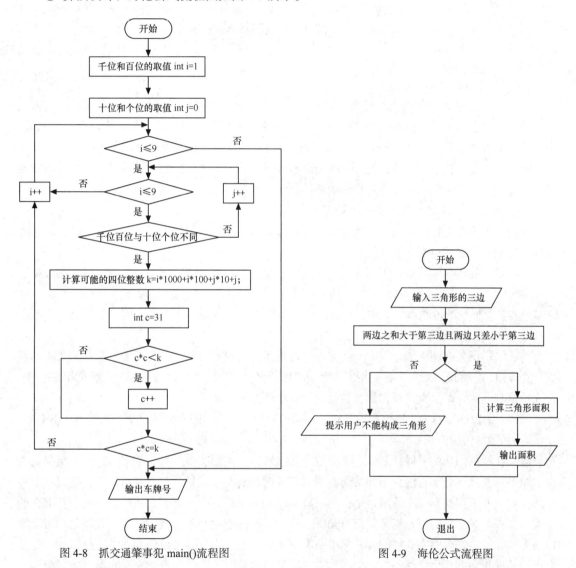

图 4-8　抓交通肇事犯 main()流程图　　　　　　　图 4-9　海伦公式流程图

② 程序源代码如下。

```
#include <stdio.h>
#include <math.h>
#define s (a+b+c)/2
#define area(s) s*(s-a)*(s-b)*(s-c)
void main()
{
        float a,b,c;
        printf("请输入三角形三边的边长: ");
```

```
        scanf("%f%f%f",&a,&b,&c);
        if(fabs(a-b)<c&&a+b)>c)//判断是否能够构成三角形
                printf("三角形的面积为: %.2f\n",sqrt(area(s)));
        else
                printf("输入的三边不能构成三角形\n");
}
```

4.3 实验问题解答

1. 如何理解函数？

答：函数是完成特定功能的代码块。可以把函数比成一个"黑箱子"，不必关注它的内部构造，只需关注它的入口（输入）、出口（输出）以及完成的功能。函数分为库函数与自定义函数。库函数可以直接调用，例如 double sqrt(double num)是求一个 double 类型的数值的平方根，如要求 a 的平方根保留在 b 中，可以调用函数 "b=sqrt(a);"。至于系统如何实现计算平方根的并不需要知道。对于自定义函数则需要事先写出函数的定义代码。

2. 如何区别函数的形式参数和实际参数？

答：（1）出现的位置不同：形式参数（简称形参）出现在函数定义时函数名后的括号中，实际参数（简称实参）出现在函数的调用中。

（2）形参的作用就是实现主调函数与被调函数之间的数据传递，通常将函数所处理的数据、影响函数功能的因素或者函数处理的结果作为形参，没有形参的函数在形参表的位置应该写 void，实参对形参的传递是单向的，即只能由实参传给形参，而不能由形参传回给实参。

3. 函数的参数和宏命令的参数的区别。

答：（1）函数在调用的过程中，实参可以是常量、变量或者表达式，但无论哪种形式，都要先计算出值，然后赋给形参。在调用宏命令的时候，字符串也同样可以是常量、变量或者表达式，但无论哪种形式，都是直接被标识符替代，没有求值过程。

（2）在函数的形参中，每个变量都必须明确声明变量类型，而宏的字符串列表中，却不需要。

4. 函数的传值方式。

答：在调用函数的时候，如果一个函数存在参数，必须把实参的值赋给形参，其中实参的类型、个数以及顺序必须与函数原型的形参列表相匹配，实参可以是常量、变量或者表达式。当传给形参时，要求实参有确定的值，也就是说，实参是表达式的会先求值，然后在内存中开辟新的空间，保存形式变量的值，当函数执行完后，临时开辟的空间会被释放。值得注意的是，对于值传递方式无论函数形参值如何改变，都不会影响实参的值。为了满足单向性要求，只能从实际参数传递给形式参数，反之则不行，但当传入的实参为地址时，形参的变化将对实参产生影响。

5. 函数调用的要求有哪些？

答：（1）变量名的类型必须与函数类型相同。

（2）在使用时，实参列表可以包含多个表达式，但要求实参必须在类型上按顺序与形参一一对应和匹配。

（3）调用时的实参与形参结合的过程，实际上相当于一个赋值表达式，即为形参变量=实参变量，当赋值完毕，进入被调函数的内部后，实参变量与形参变量分离，在被调函数内部对于形参变量的本身改变不会影响到主调函数中的实参变量。

6.　#include<头文件>与#include"头文件"的区别。

（1）使用尖括符表示在包含文件目录中去查找（包含目录是由用户在设置环境时设置的），而不在源文件目录去查找；使用双引号则表示首先在当前的源文件目录中查找，若未找到才到包含目录中去查找。

（2）为了增加程序的可读性和执行效率，一般系统文件用尖括符，而用户自定义的头文件用双引号。

7.　关于函数值传递的几种方式。

```
#include <stdio.h>
#include <stdlib.h>
void change1(int nA,int nB);
void change2(int *nA,int *nB);
void change3(int *nA,int *nB);
void main()
{    int nA =0;
     int nB =0;
     printf("Please enter two integer :\n");
     scanf("%d%d",&nA,&nB);
     change1(nA,nB);
     printf("nA = %d,nB= %d\n",nA,nB);
     change2(&nA,&nB);
     printf("nA = %d,nB= %d\n",nA,nB);
     change3(&nA,&nB);
     printf("nA = %d,nB= %d\n",nA,nB);
}
```

```
void change1(int nA,int nB)
{    int nC = nA;
     nA = nB;
     nB = nC;
}
void change2(int *nA,int *nB)
{
     int *nC= nA;
     nA = nB;
     nB = nC;
}
void change3(int *nA,int *nB)
{
     int nC= *nA;
     *nA = *nB;
     *nB=nC;
}
```

运行结果如下：

```
Please enter two integer :
12 34
nA = 12,nB= 34
nA = 12,nB= 34
nA = 34,nB= 12
Press any key to continue
```

程序分析如下：

```
void change1(int a,int b);
```

分析：使用函数值传递的方式，对形式参数所做的修改不会影响到实际参数。

```
void change2(int *a,int *b);
```

分析：主调函数向被调函数传递了指针变量，在函数中进行了地址交换，而未改变地址中的值，所以主调函数中的实参与被调函数中的形参互不影响。

```
void change3(int *a,int *b)
```

分析：主调函数向被调函数传递了指针变量，使形参与实参指向同一地址，在被调函数中对该地址中的值进行了改变，也使主调函数的实参中的值受到影响。

说明：认真比较程序的异同，做到真正理解函数值的传递方式。

8.　如何从函数中获取多个"返回值"？

答：使用 return 语句返回的函数值不能有多个，但用指针做参数却可能做到。

实例：如何用一个函数计算一个矩形的周长和面积？

要求：计算结果不能直接在函数内部输出

```
#include <stdio.h>
#include <stdlib.h>
void fun(int nA,int nB,int *nC,int *nS);
void main()
{
    int nA =0;
    int nB =0;
    int nC = 0;
    printf("请输入矩形的长和宽 :\n");
    scanf("%d%d",&nA,&nB);
    int nS= 0;
    fun(nA,nB,&nC,&nS);
    printf("矩形的周长: nC = %d,\n 矩形的面积: nS= %d\n",nC,nS);
}
void fun(int nA,int nB,int *nC,int *nS)
{
    *nC= 2*(nA+nB); //计算周长
    *nS = nA*nB;      //计算面积
}
```

运行结果如下。

请输入矩形的长和宽：

3   4

矩形的周长：nC=14

矩形的面积：nS=12

9. 如何将函数写到多文件中？

答：在实际的编程中，有时函数会很多，如果都写在一个文件中，无疑会使得代码看起来比较乱，不易阅读。对于某些自定义函数只需关注其声明即可，只知道函数的原型，就可以利用该函数完成所需要的功能。这时可以将所有自定义的函数的原型放在一个头文件中，而函数的实现放在一个扩展名为.cpp 的文件中，在 main()函数中调用时，只需要包含该头文件即可。

文件 main.h

```
#include <stdio.h>
#include <stdlib.h>
#include "fun.h"
void main()
{   int nA =0;
    int nB =0;
    printf("请输入矩形的长和宽 :\n");
    scanf("%d%d",&nA,&nB);
    int nC= 0;
    int nS= 0;
    fun(nA,nB,&nC,&nS);
    printf("矩形的周长: nC= %d,\n 矩形的面积: nS = %d\n",nC,nS);
}
```

fun.h 文件

```
#ifndef FUN_H_INCLUDED
#define FUN_H_INCLUDED
//计算矩形的面积和周长
//c 保存计算的周长
//s 保存计算的面积
void fun(int nA,int nB,int *nC,int *nS);
#endif // FUN_H_INCLUDED
```

fun.cpp 文件

```
#include "fun.h"
void fun(int nA,int nB,int *nC,int *nS)
{
    *nC= 2*(nA+nB);//计算周长
    *nS= nA*nB;//计算面积
}
```

第5章
数组及其应用

5.1 本章学习辅导

5.1.1 数组与数组元素的概念

1. 数组定义

数组是由若干类型相同的数根据一定的顺序存储所形成的有序集合。它的一般形式为

类型标识符 数组名 [常量表达式1][常量表达式2]…;

例如

int nNumber[15] ;int nList[5][10];

2. 存储结构

系统根据数组的数据类型为每一个元素安排相同长度的存储单元。C语言的数组在内存中是按行连续存放的。

3. 要点提示

（1）数组元素个数必须在声明时确定，在程序中不可动态改变，即数组下标必须使用整型常量或常量表达式。在声明数组时，C语言不允许用变量作为下标。

（2）C语言规定数组下标从0开始，例如int nscore[100]存放元素的下标是0～99。

（3）同一数组中的元素类型是相同的，数组每个元素的作用和简单变量相同。

（4）字符数组的整体赋值只能在字符数组初始化时使用，例如下面的赋值方法是错误的：

char c[];
c=="C program";

5.1.2 一维数组

1. 一维数组的定义

（1）一维数组定义的一般形式为

类型标识符 数组名 [常量表达式];

例如，int a[10];表示数组名为a，数组元素个数为10。

（2）存储结构：在内存中按下标递增次序连续存放，最低地址为首元素地址，最高地址为末位元素地址。对于a[10]，&为取址运算符，a或&a[0]表示为数组存储区的首地址，即首元素存放的地址。

要点提示（对二维和多维同样适用）：

① 数组命名规则遵循标识符命名规则。

② 数组名后紧跟的是"[]"，而不是"()"。

③ 常量表达式包括普通常量和常量符号，不能包含变量。举例如下：

```
#define SIZE 8
char cStr[SIZE*3];
int nArray[3*21+1];          //都是对的
int n=5;float fArray[n];     //是错的，因为下标中出现了变量
```

2. 一维数组的初始化

（1）在数组定义的时候初始化。一般形式为

　　　　数据类型　数组名[数组元素个数]={值1,值2,…,值n};

或　　　数据类型　数组名[ ]={值1,值2,…,值n};

例如，int nNum[5]={2,4,6,8,10};

（2）在程序执行时用赋值语句初始化，把数组元素当作简单变量赋值。

要点提示（对二维和多维同样适用）：

① "{}"中的是初值，用逗号间隔。

② 直接取系统默认值 0 初始化的情况有 3 种。花括符中值的个数少于数组元素个数，即部分赋值；静态或全局类型的整形数组没有在定义时初始化。

例如，int m[3]={1,2};则 m[0]=1;m[1]=2;m[2]=0;

```
static short a[5];等价于static short a[5]={0,0,0,0,0};
```

③ 在数组定义中可省去第一个方括符"[]"中的元素个数，用花括符"{}"中初值的个数决定数组元素个数。

```
int m[]={0,1,2};等价于int m[3]={0,1,2};
```

3. 一维数组的引用

一维数组元素的访问方式：

```
数组名[下标] ;
```

（1）与数组定义时不同，这里的下标即可以是整型常量或整型表达式，也可以是含有已赋值的整型变量或整型变量表达式，例如：

```
arr[0]=10;              /*对数组元素 arr[0]赋值*/
x=5;y=3;
arr[x+y]+=2;           /*数组元素 arr[8]的值增 2*/
arr[x++]=10;           /*对数组元素 arr[x]赋值，x 的值增 1*/
```

（2）访问数组内所有元素一般用循环实现，例如：

```
    for (i=0; i<100; i++)
    {    printf("%4d", nScore[i]);  }
```

要点提示（对二维和多维同样适用）：

① 数组元素和普通变量一样，可出现在任何表达式或作为函数参数。

② 数组不能整体引用，只能单个引用，不能整体赋值。

③ 数组越界情况要特别注意，进行必要的边界检查。

5.1.3　二维数组和多维数组

1. 二维数组的定义

二维数组定义的一般形式为

```
类型说明符 数组名[常量表达式1][常量表达式2];
```

2. 二维数组的初始化

二维数组可在程序执行中赋值或定义时初始化，常见的方法有以下两种。

（1）按行分段赋值：int a[5][3] = { {80,75,92},{61,65,71},{59,63,70},{85,87,90},{76,77,85} }。

（2）按行连续赋值：int a[5][3] = { 80,75,92,61,65,71,59,63,70,85,87,90,76,77,85}。

3. 二维数组的引用

二维数组引用的一般形式为

```
数组名[下标1][下标2];
```

4. 多维数组

C 语言中，二维或二维以上的数组都称为多维数组，其定义使用形式和二维数组类似。

5. 要点提示

（1）部分赋值和一维的类似，例如，int a[3][3]={{1},{2},{3}}; int a[3][3]={{0,1},{0,0,2},{3}};。

（2）二维和多维数组只有第一维长度可以省，当且仅当全部元素均赋初值了。

5.1.4 字符类型数据集合的存储

1. 字符数组初始化

字符数组也可在定义时初始化，方式有两种：用字符逐个赋值和字符串赋值。例如：

```
char c[10]={'C',' ','p','r','o','g','r','a','m'};
```

可写为

```
char c[]={"C program"};
```

或直接为

```
char c[]="C program";
```

2. 要点提示

（1）C 语言中字符串只能放在字符数组中，而不能放在变量中。

（2）比逐个字符赋值要多占一个字节，用于存放字符串结束标识'\0'；'\0'是 C 语言编译系统自动加上的，'\0'的引入使得用字符串赋值时无须指定数组长度。

（3）整型数组中的部分赋值情况和省去数组长度说明的情况在字符数组中同样适用。

5.1.5 字符串处理函数

1. 字符串输入/输出函数 gets()和函数 puts()

字符串输入/输出函数的功能是将字符串作为整体输入/输出，一般形式为

```
char *gets(char *string);   char *puts(char *string);
```

调用形式为

```
gets (字符数组名); puts (字符数组名);
```

要点提示：函数 gets()只以回车作为结束符，可输出空格；函数 puts()只以 '\0' 为结束符，可输出转义字符，输出结束时会自动加上换行符，且只能输出字符串。

2. 字符串连接函数 strcat()

函数 strcat()的功能是合并字符串，一般形式为

```
char *strcat(char *dest,char *src);
```

即把 src 所指字符串添加到 dest 结尾处（覆盖 dest 结尾处的'\0'并添加'\0'）。

调用形式为

```
strcat (字符数组名1, 字符数组名2);
```

要点提示：src 和 dest 所指内存区域不可重叠且 dest 必须有足够的空间来容纳 src 的字符串。

3. 字符串复制函数 strcpy()

函数 strcpy() 的功能是复制字符串，一般形式为

```
char *stpcpy(char *dest,char *src);
```

即把源串 src 所指由'\0'结束的字符串复制到目的串 dest 中。

调用形式为：

```
strcpy (字符数组名 1，字符数组名 2);
```

要点提示：该函数实质上就是以字符覆盖赋值，要求 dest 所指的内存空间足够容纳 src 所指向的字符串。

4. 字符串比较函数 strcmp()

函数 strcmp() 的功能是比较两个字符串的大小，一般形式为

```
int strcmp(char *s1,char * s2);
```

调用形式为：

```
strcmp (字符数组名 1,字符数组名 2);
```

要点提示：当 s1 < s2 时，返回值 < 0；当 s1 == s2 时，返回值 = 0；当 s1 > s2 时，返回值 > 0；比较的是对应位字符的 ASCII 码值。

5. 测字符串长度函数 strlen()

函数 strlen() 的功能是统计字符串中字符的个数，一般形式为

```
int strlen(const char string[]);
```

调用形式为：

```
strlen (字符数组名);
```

要点提示：该函数所计算的字符串长度是不包括 '\0' 在内的所有字符。

5.1.6 指针变量、字符串指针变量与字符串

1. 指针变量

（1）根据给定的地址去访问存储在该地址中的数据，这种方式是间接访问数据方式。

（2）地址运算符：*（2）——指针运算符、&（2）——地址运算符。

（3）指针变量的声明，一般形式如下：

```
数据类型 *变量名;
```

如：

```
int *p;
```

（4）指针变量的赋值：

```
指针变量名=指针变量名;
指针变量名=&非指针变量;
指针变量名=(数据类型* )malloc/calloc(分配内存大小 );
```

如：

```
int *p1, *p2, nNo=1; p1=&nNo; p2=p1; p1=(int *)malloc(sizeof(int));
```

（5）使用 malloc() 函数

在内存的动态存储区中分配一个指定长度的连续空间。一般形式为

```
void *malloc(unsigned int size);
```

返回值为万能数据类型，使用时注意要进行强制类型。例如：

```
int *pnTest; pnTest=(int *)malloc(sizeof(int));
```

此处用 sizeof 来进行 int 类型字节数的测算，读者也可直接填写 4 表示 4 个字节长度，即改为 (int *)malloc(4)；但有时候不是每种类型都能方便地口算出来，详见第 7 章实验问题解答中的 2。

（6）使用 calloc()函数

在内存的动态区存储中分配 *n* 个某一长度的连续空间。一般形式为

```
void * calloc( unsigned n, unsigned size );
```

（7）使用 free()函数

在完成对所分配内存空间的使用之后，要通过调用 free()函数来释放它，释放后的内存区能够重新分配给其他变量使用。一般形式为

```
free(p);
```

指针 p 不为空，即其是指向有效的内存空间。

要点提示：函数 malloc()/函数 calloc()必须与 free()成对使用。在进行动态内存分配时，内存空间的分配与回收同样重要，如果只有分配，而没有回收，就会造成内存泄露，问题是十分严重的！

2．字符串指针的说明和使用

（1）字符串指针指向的地址是该字符串的首地址，例如，char *s = "C Language"表示将该字符串的首地址存储于变量 s 中，以后该字符串的访问可通过这个指针来完成。

（2）指针引用时要有确定的指向，可以用直接赋值法，例如，上述字符串指针定义时的初始化。

3．字符数组和字符串指针的比较

字符数组和字符串指针都可以实现字符串的存储和运算，但是两者存放的内容和引用机制是有区别的，注意两者使用方法的不同。

5.2　课后习题指导

1．填空题

（1）答：9；0。

提示：C 语言中数组的下标是从零开始的，因此下限是 0，而数组总共有 10 个元素，因此数组的上限是 9。

（2）−850；2；0。

提示：此程序的功能是完成寻找二维数组中元素的最小值以及最小值所在的行号和列号，两重循环完成遍历二维数组。

（3）答：QuickC。

提示：此题考察字符串函数的使用。此段代码完成在输入的字符串中，找出最大的字符串。算法设计如图 5-1 所示。

（4）答：12。

（5）答：18。

提示：此段程序完成计算：a[1][0]、a[1][1]、a[2][0]和 a[2][1]的和。

2．选择题

（1）答：A，D。

提示：数组名代表数组的首地址，此循环是 while 循环，i 的初始值为零，如果 i 的值不改变，那么此循环为死循环，而且也不能完成为数组中的每个元素赋初值，故 B、C 错误；选项 A，a + i 代表 a[i] 的首地址。注意指针的加法，与常见的加法不一样，此处加 1 相当于加 sizeof(int)，选项 D 为正常一维数组元素取地址的方法。

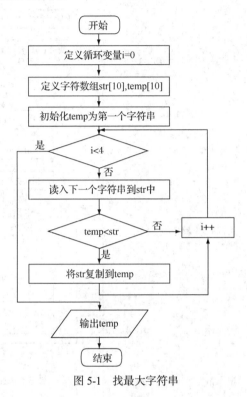

图 5-1　找最大字符串

（2）答：C。

提示：char x[] = "abcdefg"; 自动在末尾添加字符 '\0'，因此数组 x 的长度大于数组 y 的长度，选项 C 正确。

（3）答：C。

提示：考察数组的下标。此程序输出数组 x[0][2]、x[1][1] 和 x[2][0] 的值。

（4）答：A。

提示：此题考察 gets() 函数的用法。gets() 函数的工作方式：从系统的标准设备读入字符串，直到遇到换行符 '\n' 为止（按回车即可达到效果）。它读取换行符之前的所有字符，不包括换行符，并在末尾加 '\0'，并将结果放入所传进来的参数中。

（5）答：B。

提示：考察常见的几种输入方式。scanf() 函数从标准输入设备读取字符串数据时，遇到空格终止，因为字符串含有空格，所以选项 B 不能记录整个字符串。

3. 编程题

（1）求二维数组中这样一个元素的位置：它在行上最小，在列上也最小。如果没有这样的元素则输出相应的信息。

① 问题分析：先在行上找一个最小元素，然后判断它是否在列上最小。

② 数学模型：此题考察数组的遍历方式，先遍历行，再遍历列，再将具体的操作放入其中，

需要用两重循环来实现。为了使程序将来有良好的拓展性，将行和列用宏来表示。

③ 算法设计：程序图如图 5-2 所示。

④ 根据图 5-2 实现的程序代码如下：

```c
#include <stdio.h>
#define ROW 3
#define COLUMN 3
void main()
{
        Int nArray[ROW][COLUMN] ={
            {5,8,9},
            {5,6,3},
            {6,9,5}
        };
        int has = 0;
        for(int i=0;i<ROW;i++)
        {   //记录当前行的最小值
            int nMin = 65535;
            //记录当前行最小值所在列
            int p =0;
            int j =0;//循环变量
            //寻找并记录当前行的最小值
            for(int k =0;k<COLUMN;k++)
            {
                    if(nArray[i][k]<nMin)
                    {
                            nMin = nArray[i]
[k];
                            p= k;
                    }
            }
            for(;j<ROW;j++)
            //判断找到的最小值所在列是否最小
            {
                    if(nArray[j][p]<nMin)
            //是否存在比找到的最小值还小的元素
                            break;
            }
            if(j==ROW)
            {
printf("nArray[""%d""][""%d""]=""%d 所在行,
所在列最小!\n",i,p,nMin);
                    has = 1;
            }
        }
        if(!has)//没找到的话，提示用户
            printf("NOT FIND!");
}
```

（2）编程输出两个字符串中对应位置上相同的字符。

① 问题分析：题目要求是位置相同、字符相同，没有特殊说明，字符包含空格。

② 数学模型：利用 gets()函数，从标准输入设备读入两个字符串到数组中，然后比较它们在相同位置上的值是否相同。

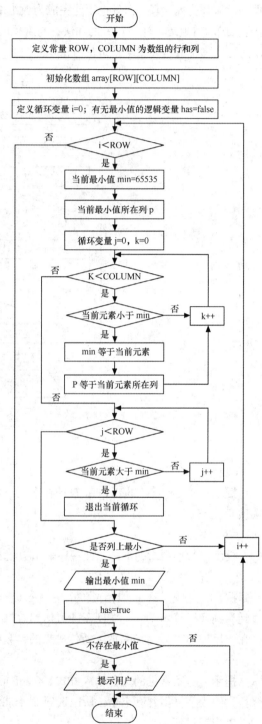

图 5-2　遍历数组找行列最小元素

③ 算法设计：字符串匹配程序图如图 5-3 所示。

④ 根据图 5-3 实现的程序代码如下：

```c
#include <stdio.h>
#define MAX 100
void main()
{
        char cS1[MAX]={'\0'};
        char cS2[MAX]={'\0'};
        printf("请输入一个字符串  : ");
        gets(cS1);
        printf("请输入另一个字符串: ");
        gets(cS2);
        int i =0;
        while(*(cS1+i)!='\0'&&*(cS2+i)!='\0')
        {
                if(*(cS1+i)==*(cS2+i))
                        printf("%c ",*(cS2+i));
                i++;
        }
        printf("\n");
}
```

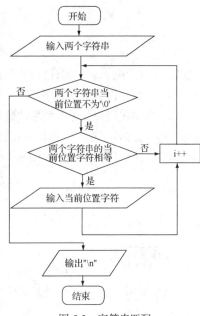

图 5-3　字符串匹配

（3）将一个 3×3 的二维数组中的行列元素互换。

① 问题分析：交换数组元素，即求数组的转置矩阵。

② 数学模型：求转置矩阵时对角线的元素不变，由数学知识可知下三角矩阵的行号大于等于列号，因此在进行遍历数组操作时，第二重循环的上限为行号。为了学以致用，本题采用函数 void exchange (int array[ROW][COLUMN]) 来实现转置，void output (int array[ROW][COLUMN]) 来实现输出数组元素。

③ 算法设计：矩阵转置和程序流程图如图 5-4 所示。

④ 根据图 5-4 实现的程序代码如下：

```c
#include<stdio.h>
#define ROW 3
#define COLUMN 3
void exchange(int array[ROW][COLUMN]);   //交换数组中的元素
void output(int array[ROW][COLUMN]);       //输出数组中的元素
void main()
{    int array[3][3]={1,2,3,4,5,6,7,8,9};
     printf("初始数组为:\n");
     output(array);
     exchange(array);
     printf("交换后数组为:\n");
     output(array);
}
void exchange(int array[ROW][COLUMN])
{    for(int i=0;i<ROW;i++)
          for(int j=0;j<i;j++)
          {        //交换对角元素
                   int k = array[i][j];
                   array[i][j]=array[j][i];
                   array[j][i]=k;          }}
void output(int array[ROW][COLUMN])
{    for(int i=0;i<ROW;i++)
     {    for(int j=0;j<COLUMN;j++)
```

```
          printf("%d ",array[i][j]);
        printf("\n");
    }
}
```

（4）声明一个能存储 4 个名字的指针数组，按照输入名字的长短，以动态申请存储空间方式为数组中这 4 个元素分配存储空间，存入所输入的名字。在输出后，释放相应的内存空间。

① 问题分析：根据名字的长度动态申请存储空间进行存储，将其输出后释放相应的空间。

② 数学模型：首先声明指针数组，按照输入的名字的长度，利用 malloc 函数申请存储空间，之后将输入的名字存入，再将该指针数组元素输出，最后利用 free 函数释放相应的内存空间

③ 算法设计：程序图如图 5-5 所示。

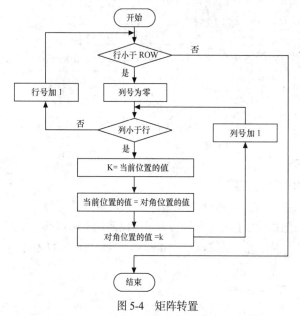

图 5-4　矩阵转置

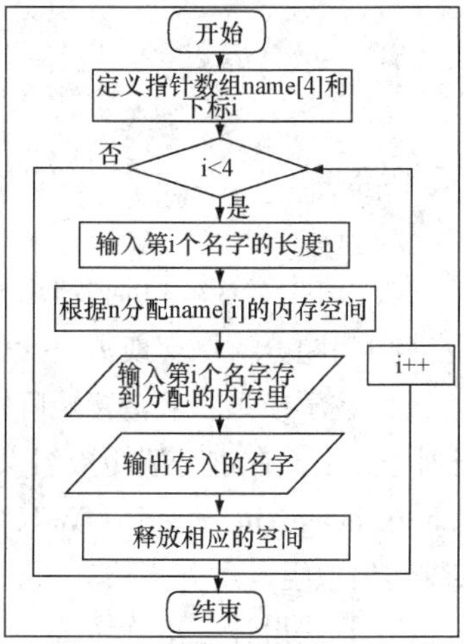

图 5-5　程序图

④ 根据图 5-5 实现的程序代码如下：

```
#include <stdlib.h>
int main()
{
    char *name[4];
    int i=0;
    for (i=0;i<4;i++)
    {
        int n,j;
        printf("the length of name NO.%d:",i+1);
        scanf("%d",&n);getchar();
        name[i]=(char *)malloc(n*sizeof(char));
        printf("put in name NO.%d:",i+1);
        for(j=0;j<n;j++)
            scanf("%c",name[i]+j);
        getchar();
        for(j=0;j<n;j++)
            printf("%c",*(name[i]+j));
        printf("\n");
        free(name[i]);
    }

    return 0;
}
```

5.3　实验问题解答

1. 数组在内存中实际是怎么存储的？和什么有关？

答：数组一经定义，系统会根据数组的数据类型为每一个元素安排相同长度的存储单元。C语言的数组在内存中是按行连续排列的。

（1）二维数组在概念上是二维的，但在内存中，数组只按元素的排列顺序存放，形成一个序列，就像一维数组一样。例如 int a[2][3]，先存放 a[0]行，再存放 a[1]行，最后是 a[2]行。多维数组的存储原理与此相同。

（2）数组所占内存的大小与数组的数据类型和数组长度有关，对于 n 维数组，其所占内存的字节数如下：

$$字节数 = \prod_{i=1}^{n} N_i \times \text{sizeof}\,(数据类型)$$

式中，N_i 是数组第 i 维的长度，n 是数组的维数。

例如：二维数组占用字节数 = 第一维长度 × 第二维长度 × sizeof（数据类型）。

2. 数组的数组名有什么含义，在使用时需要注意什么？

答：（1）C 语言规定，数组名就代表了该数组的首地址，整个数组是以首地址开头的一块连续的内存单元。访问时按数组名找到首地址，然后按照元素在数组中的排列顺序，以数组下标的形式进行访问。例如 int a[3]，数组名 a 或&a[0]就是数组存储区域的首地址，即数组第一个元素存放的地址。

（2）数组名是一个地址常量，不能对其进行赋值和&运算，例如数组名直接赋值：int a[20]; a = {1, 2, 3}；是错误的。

3. 数组元素的访问方式和数组声明时初始化的访问方式有何异同？

答：相同点如下：数组元素的访问和数组的初始化都是通过下标来完成的。

不同点如下：

（1）数组初始化时，下标必须是整型常量或整型表达式，而访问时下标还可以是含有已赋值的整型变量或整型变量表达式。

（2）下标值的含义也不一样，数组定义时的下标是数组的长度；而引用数组元素时给出的下标值代表元素在数组中的排列序号。例如：

```
int nScore[10];   //下标 10 表示数组中有 10 个元素，下标从 0～9
nScore[9]=1;      //引用的是数组 nScore 中下标为 9 的元素
```

要点提示： 数组下标的最大值和数组长度不是一致的，数组下标从 0 开始。

4. 二维数组和一维数组的联系。

答：在内存中二者都是按一维线性排列的，二维数组可以看作是由一维数组的扩展而构成的。设一维数组的每个元素都是一个数组，就组成了二维数组。根据这样的分析，一个二维数组也可以分解为多个一维数组。例如，二维数组 a[3][4]，可分解为三个一维数组，其数组名分别为 a[0]，a[1]和 a[2]。对这三个一维数组不需另作说明即可使用。这三个一维数组都有 4 个元素，例如一维数组 a[0]的元素为 a[0][0]，a[0][1]，a[0][2]和 a[0][3]。必须强调的是 a[0]，a[1]和 a[2]是数组名，代表一维数组的首地址。

5. 对字符数组的赋值常见的有哪两种方法？试比较分析。

答：（1）用字符逐个赋值。使用方法和整型数组赋值类似。例如：

```
char c[]={'c', ' ','p','r','o','g','r','a','m'};//数组长度自动定为 9;
```

（2）用字符串赋值。字符串结束的标识符是'\0'，所以用字符串赋值比用字符数组赋值要多占一个字符，用于存放'\0'。因为'\0'的标识作用，字符串赋值无须指定数组长度。例如：

```
char c[]={"C program"}; 或去掉{ }写为: char c[]="C program"; //数组长度为 10
```

要点提示：当存储的是字符串时，数组的长度至少比要存入的字符串长度多一个字节。例如：

```
char cStr2[8]={'P','r','o','g','r','a','m','\0'};//用字符逐个赋值，勿忘'\0'
char cStr3[8]="program";
char cStr4[]="program"; //这里如果数组长度改为字符串长度 7,则数组会溢出
```

比较这两种方式，字符串方式使得字符数组的输入输出变得更简单方便，使用较多。

6. 字符串整体输入/输出要注意哪些问题？

答：（1）输出字符不包括'\0'。

（2）输出字符串时，输出项是字符数组名，从字符串数组名所代表的地址开始输出，遇到'\0'结束。

7. 运算符*和&的区别与联系。

答：运算符*和&的联系：

（1）运算优先级都是 2 级。

（2）都是地址运算符。

运算符*和&的区别：

（1）运算符*可以用来定义指针变量，而&不能，如 int *p。

（2）运算符*可以用来取值，而&是用来取地址，如 printf("%d",*p)；把 p 所指向的地址单元内的值打印出来，int *p=&a；是把变量 a 的地址取出来赋给 p。

8. 在声明 int *p 后，对于*p 和 p 的使用有何区别？

答：p 是某个地址；*p 是该地址所存储中的值。

9. 对于 int *p，p=p+1 和 *p=*p+1 的区别是什么？

答：p=p+1 为 p 移动一个整数类型单元，指向下一个地址单元；*p=*p+1 为给 p 所指向的地址单元里的值加 1。

10. 函数 gets()和 puts()作为字符串输入输出函数，与函数 scanf()和 printf()的区别在哪？

答：（1）函数 gets()只以回车作为输入结束，输入的字符串中可以含有空格；而 scanf()是空格、回车和 Tab 键作为输入结束的，输入的字符串中不能含有空格，否则将以空格作为串的结束符。为避免这种情况，可多设几个数组分段存放，如可用如下形式实现输入"C program"：

```
char str1[10],str2[10],str3[20];
scanf("%s%s",str1,str2); //等价于 gets(str3);
```

（2）函数 puts()只能输出字符串，不能输出数值或进行格式转换，且输完后自动换行；而 printf()是数据格式化输出，与 puts()不同，需要按一定格式输出时通常用 printf()。

11. 动态分配存储空间有何意义？

答：（1）不需要预先分配存储空间。

（2）分配的空间可以根据程序中数据的需要扩大或缩小。

12. 函数 malloc()与 calloc()区别是什么？

答：（1）calloc()将分配的内存数据块中的内容初始化为 0。这里的 0 指的是 bitwise，即每个位都被清 0；而 malloc()不能进行初始化。

（2）传递给 calloc()的参数有两个，第一个是想要分配的数据类型的个数，第二个是数据类型的大小；相对于 calloc，malloc 用*将 calloc 的两个参数连成一个参数来表示所需的内存空间大小。

第 6 章
深入模块化设计与应用

6.1　本章学习辅导

6.1.1　算法基本概念

算法的要素、基本性质、基本特征及基本质量要求。

6.1.2　简单的排序算法

1. 冒泡排序算法

（1）算法思想

对于给定的 n 个元素，依次比较相邻的两个数（以升序为例），将小数放在前面，大数放在后面，即第 i 趟子排序从第 1 个元素开始至第 $n-i$ 个元素，若第 i 个元素比第 $i+1$ 个元素大，则将两元素进行交换，经过 $n-1$ 趟排序后就完成了整个序列的排序。

（2）要点提示

① 要完成排序任务，需设置双重循环。

② 外层循环控制排序的趟数，对于有 n 个元素的数列，外层循环趟数为 $n-1$。

③ 内层循环控制对剩余元素的比较和交换。若当前剩余 m 个元素，则至少要进行 $m-1$ 次比较，至多进行 $m-1$ 次交换。

④ 内层循环受外层循环控制。若设外层循环到第 i 趟排序，则内层比较与交换需要排除已排完的 $i-1$ 个元素，即为 $n-i$ 次。

2. 选择排序算法

（1）算法思想

对于给定的 n 个元素，i 从 0 取至 $n-2$，（以升序为例，共 $n-1$ 趟排序）在 $n-i$ 个元素中找出最小的元素，与第 i 个位置的元素进行交换，完成一趟选择排序，当执行 $n-1$ 趟后就完成了整个序列的排序。

（2）要点提示

① 要完成排序任务，需设置双重循环。

② 外层循环控制排序的趟数，对于有 n 个元素的数列，外层循环趟数为 $n-1$，同时，外层循环的计数值可用作位置标识。

③ 内层循环控制对剩余元素的比较，当前剩余 m 个元素，则至少要进行 $m-1$ 次比较。当内层循环全部结束后，若元素不相等，则交换，否则保持不变。

④ 内层循环受外层循环控制，内层循环的起始元素为外层循环的当前元素，因为当前元素以前的位置已排序完毕。

6.1.3 嵌套与递归设计及应用

1. 函数的嵌套调用

（1）函数的嵌套就是在一个函数的执行过程中又调用了另一个函数。

（2）函数可以嵌套调用，但不可以嵌套定义。

（3）在函数的嵌套调用过程中，系统保存程序运行的中间结果，并记录函数调用语句后下一条将要执行的语句地址的操作，称为保护现场和返回地址。

（4）保护现场和返回地址是由操作系统来完成的，程序中无须编写这些操作的语句。

（5）被调函数执行完后，将会把返回值返回到主调函数中供主调函数使用。

2. 函数的递归调用

函数直接或间接地调用自身为递归调用。

（1）直接调用自身是指在一个函数的函数体中出现了对自身的调用语句。例如：

```
void fun1(void)
{
    …
    fun1();
    …
}
```

（2）间接调用自身的例子如下：

```
void fun1(void)
{
    …
    fun2();
    …
}
void fun2(void)
{
    …
    fun1();
    …
}
```

（3）递归一般可分为递推和回归两个阶段。

① 递推。将原有问题不断分解为具有相似结构的子问题，逐渐从未知向已知推进，最终达到已知的条件，即递归结束的条件，这时递推阶段结束。

② 回归。从已知的条件出发，按照递推的逆过程，逐一求值，最后到达递推的开始处，结束回归阶段，完成递归调用。

（4）要点提示。

递归设计的关键在于找到递归中的递推公式和终止条件。递推公式用于完成上述的递推阶段，终止条件是上述回归阶段的起点。

6.1.4　模块间的批量数据传递

1.　指针作为函数参数

（1）指针变量存储的是一个地址，通过指针变量可以访问从这个起始地址开始，其后连续存储的值。

（2）编程时，常使用传送地址（即指针作为函数参数）的方式解决函数之间数据的批量传递问题，将共享限定在需要它的函数之间。

（3）指针作为函数参数的方式，减少了空间浪费，提高了程序的安全性，同时降低了维护成本。

（4）指针作为函数参数，在实参变量与形参变量结合时，仍然是一个赋值表达式，这与本书第 4 章 4.1.2 中自定义函数的函数调用的注意事项所提到的内容是一致的。不同的是，这里赋的值为一个地址，由于实参与形参所指向的是同一个地址，所以在被调函数内对该地址所存储的值的改变会对主调函数产生影响，从而实现了值的"双向"传递。

2.　一维数组作为函数参数

（1）数组名可以表征数组的首地址。

（2）数组是相同类型的数据集合，因此可将数组名作为函数参数，实现相同类型数据的批量传递。

（3）在被调函数中，可通过数组名传递的地址访问主调函数中整个数组的元素值。

（4）在声明时，数组的长度说明可省略。

3.　二维数组作为函数参数

（1）二维数组作为函数参数，实际传送的是数组的首地址。

（2）声明二维数组作函数形参的过程中，不能把第二维的长度说明省略。

4.　要点提示

一维数组作为函数参数时，数组的长度说明可省略；二维数组或多维数组作为函数的参数时，第一维的长度说明可省略，但不能把第二维以及其他高维的长度说明省略。例如 void func(int a[],int n);void func(int a[][10],int n);这样的形式都是合法的，而 void func(int a[][],int n,int m);这样的形式是不合法的。

6.1.5　模块化设计中程序代码的访问

（1）当函数指针指向某个函数时，它与被指函数的函数名具有同样的作用。

（2）函数指针声明的一般形式如下：

```
数据类型 　(*函数指针名)(参数表);
```

（3）函数指针在使用之前要进行赋值，要求指针指向一个已经存在的函数代码的起始地址。其一般形式如下：

```
函数指针名 = 函数名;
```

（4）如果使用的是函数指针(*p)()，无论在声明还是在使用上都不能写成*p()的形式，因为()的优先级高于*，所以*p()说明的是一个具有某种指针类型的返回值的函数；而(*p)()中，*先与 p 结合说明了一个指向函数的指针变量。

（5）函数的调用既可以通过函数名调用，也可以通过函数指针调用，二者是等价的。

（6）使用时要根据其指向的具体函数，给出适当的参数。

（7）对指向函数的指针变量，像 p+n、p++、p--等运算是无意义的。

6.2 课后习题解答

1. 填空题

（1）答：基本操作功能；控制结构；数据结构。

（2）答：目的性；分步性；有序性；有限性；操作性。

（3）答：直接调用；间接调用。

（4）答：n(n−1)/2；n−1；n(n−1)/2。

提示：全部考虑最坏情况。

2. 选择题

（1）答：A。

（2）答：B。

提示：这是一个逗号表达式，其值为最后一个表达式的值，C、D 排除；2<3，执行 if 语句。

（3）答：B。

提示：这里所讲的与《C 语言程序设计与应用（第 2 版）》上例 6-8 不同，书上的是指针所指地址中的内容被改变，即变量值被改变，但变量本身的地址并没有变，而本题是两个指针自身地址的交换，而它们所指向的地址（即普通变量的地址）所存内容并没有改变，所以当函数调用结束时，形参不会影响实参的值。

（4）答：A。

（5）答：C。

提示：先执行 strcpy(str1,str2)。

3. 读程序题

（1）答：8。

提示：这是一个求字符串长度的程序，s 为字符串首地址，p 最终指向'\0'，相差为 8，即长度为 8。

（2）答：4。

提示：① c 是静态变量，不会随着函数 f()的执行完毕而消失，当再次调用函数时，会在原来的值上累加。

② 赋值运算符的优先级高于逗号运算符，先执行的是 a=c++，然后执行 a=c++,b++;语句。

③ a=c++是先进行赋值运算再进行加法运算。

④ 在主函数中，函数 f()共被调用两次，因此最终 k = 4。

（3）答：BCDEFG。

提示：isspace()和 toupper()都是库函数，声明包含在 ctype.h 文件中。isspace()检查参数 c 是否为空格字符，toupper()如果 c 为小写英文字母，则返回对应的大写字母；否则返回原来的值。

（4）答：7，1。

提示：指针 cp 所指向的地址和 c 的地址是相同的，任何一个指针的操作都是对同一个地址中的值的操作，指针 dp 与 d 的操作同理。

（5）答：1.100000。

提示：两个 s 的地址不相同，所以一个的改变不会影响另一个，最后输出以%f 格式输出。

4．编程题

（1）答：

① 流程图如图 6-1 所示。

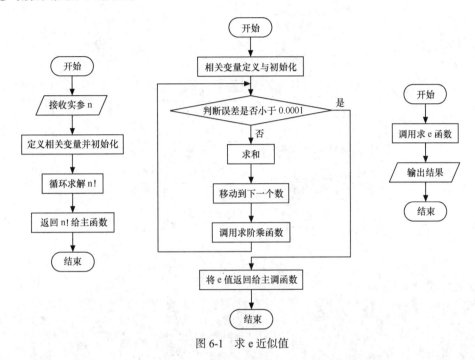

图 6-1　求 e 近似值

② 程序代码如下：

```c
#include"stdio.h"
#include"stdlib.h"
float f(int n)
{
    float fS=10.0f;
    for(int i=1;i<=n;i++)
        fS*=i;
    return fS;
}
float calulate()
{
    int i=1;
    float fS,fSum=0;
    fS=10.0f/f(i);
    while(fS>=0.0001)
    {
        fSum+=fS;
        i++;
        fS=1/f(i);
    }
    return fSum;
}
void main()
```

```
{
    float fE=calulate();
    printf("%f",fE);
}
```

（2）答：

① 流程图如图 6-2 所示。

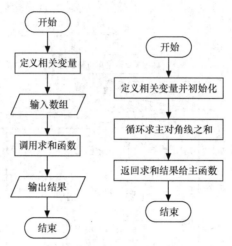

图 6-2　求矩阵主对角线元素之和

② 程序代码如下：

```
#include"stdio.h"
#include"stdlib.h"
int f(int nA[][3],int m)
{
    int nS=0;
    for(int i=0;i<m;i++)
        nS+=nA[i][i];
    return nS;
}
void main()
{
    printf("请输入数组：");
    int nA[3][3];
    for(int i=0;i<3;i++)
        for(int j=0;j<3;j++)
            scanf("%d",&nA[i][j]);
    int nS=f(nA,3);
    printf("%d",nS);
}
```

（3）答：

① 流程图如图 6-3 所示。
② 程序代码如下：

```
void BubbleSort(int a[],int n)
{
    int nTemp;
    for(int i=0;i<n-1;i++)
        for(int j=0;j<n-1-i;j++)
```

```
                    if(a[j]>a[j+1])
                    {
                            nTemp=a[j];
                            a[j]=a[j+1];
                            a[j+1]=nTemp;
                    }
}
void main()
{
    int nArray[10];
    int i;
    for(i=0;i<10;i++)
        scanf("%d",&nArray[i]);
    BubbleSort(nArray,10);
    for(i=0;i<10;i++)
        printf("%d ",nArray[i]);
    printf("\n");
}
```

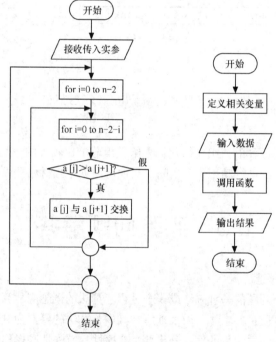

图 6-3　冒泡法对输入数字排序输出

（4）答：

① 流程图如图 6-4 所示。

② 程序代码如下：

```
int p(int n,int nX)
{
    if(n==0)
        return 1;
    if(n==1)
        return nX;
    if(n>1)
        return ((2*n-1)*nX*p(n-1,nX)-(n-1)*p(n-2,nX))/n;
```

```
}
void main()
{
    int n,nX;
    printf("输入 n 和 nX:");
    scanf("%d%d",&n,&nX);
    int nM=p(n,nX);
    printf("%d",nM);
}
```

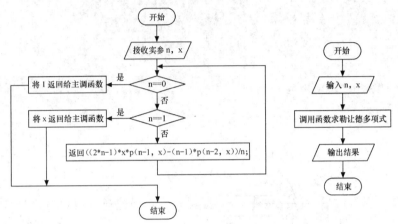

图 6-4　递归方法求 n 阶勒让德多项式的值

5. 思考题

参考答案：可以去掉原先的数组初始化，先给数组分配比较大的空间，再根据输入的 m、n 值进行循环输入或者对数组进行动态分配空间，其他可详见主教材相关内容。

6.3　实验问题解答

1. 如何理解算法的概念？

答：算法就是指解决问题的一种方法或一个过程。算法的概念应从算法的要素、基本性质、基本特征以及设计的基本质量要求 4 方面来理解。其中，算法的要素为基本操作功能、控制结构和数据结构；算法的基本性质为目的性、分步性、有序性、有限性和操作性；算法的基本特征为有穷性、确定性、可行性、可输入和可输出；算法设计的基本质量要求为正确性、健壮性、可读性和高效率与低存储量。

2. 怎样正确理解函数的嵌套调用？

答：函数的嵌套调用是一个化整为零、逐步求精的设计思想，就是在一个函数执行的过程中又调用另一个函数，函数嵌套调用执行的过程可根据图 6-5 进行理解。

3. 使用函数的递归调用时应注意哪些问题？

答：使用函数的递归调用时，应当注意以下问题。

（1）正确理解递归调用的定义，即函数直接或间接的调用自身。

（2）掌握递归过程的两个阶段，即递推与回归。

（3）找出函数递归的递推公式。

（4）必须具有一个可结束递归过程的条件，即为有限的递归调用；无限递归永远得不到结果，没有实际意义。

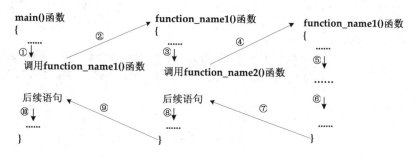

图 6-5　函数嵌套调用执行过程

4. 指针作为函数参数有何优势？

答：指针作为函数参数的方式解决了函数之间数据的批量传递问题，有以下优势。

（1）使用地址传送，将共享限定在需要它的函数之间，缩小了可能出现问题的范围。

（2）使主调函数与被调函数中的指针变量均指向相同地址，操作的是相同内存单元里的值，即实现了"值的双向传递"。

（3）减少了空间浪费，提高了程序的安全性，同时降低了维护成本。

5. 数组作为函数参数时应注意些什么？

答：一维数组作为函数参数时，在声明时，数组的长度说明可省略；二维数组或多维数组作为函数的参数时，第一维的长度说明可省略，但不能把第二维以及其他高维的长度说明省略。

6. 使用函数指针时需要注意什么？

答：指向函数的指针即为函数指针，使用函数指针应当注意以下问题。

（1）一旦函数指针指向了某个函数，它便与函数名具有同样的作用。

（2）函数指针在声明和赋值时可以没有参数。例如，void (*p)(); p=fun(); 其中，fun()是已定义且无参数的函数。

（3）函数指针使用前必须赋值，即必须指向一个具体的函数才能被使用。

（4）对于函数指针，p++，p−−，p+n 等运算是无意义的。

7. 如何区分 a=*p++ 与 a=(*p)++？

答：前一条语句 a=*p++；相当于 a=*p; p=p+1；其含义为先取出变量 p 所指向的单元中的内容赋值给 a，再使 p 指向下一个地址单元。后一条语句 a=(*p)++ 相当于 a=*p; *p=*p+1；其含义为先取出变量 p 所指向的单元中的内容赋值给 a，再使 p 所指向的单元中的内容加 1。

要点提示： 在编程中必须正确区分这两种情况，以避免死循环的出现。

第 7 章
构造型数据类型及其应用

7.1 本章学习辅导

7.1.1 结构体

1. 结构体的定义
结构体的定义有三种形式。

（1）形式 1：struct 结构体名 {类型 1 成员；类型 2 成员；…；类型 n 成员}。

（2）形式 2：使用关键字 typedef 进行别名定义。例如：

```
typedef struct point
{
      int nX;
      int nY;
}pot;
```

要点提示："；"是结构体声明结束的标志，不可以省略。忘记"；"是很多初学者容易犯的错误！

（3）形式 3：被嵌套的结构体必须事先定义，被嵌套的结构体既可以在结构体外定义也可以在结构体内进行。例如：

```
struct a1{
      int nX;
};
struct a2{
      int nY;
      struct a1 x1;
};
```

```
struct a2{
      int nY;
      struct a1{
            int nX;
      }x1;
};
```

结构体变量声明有四种形式。

（1）先定义结构体类型，再定义结构体变量：

struct 结构体名 变量 1,变量 2,…,变量 n;

（2）定义结构体类型的同时定义结构体变量：

struct 结构体名 {成员列表;} 变量 1,变量 2,…,变量 n;

（3）直接定义无结构体名的结构体变量：

```
struct {成员列表;} 变量1,变量2,…变量n;
```

（4）利用 typedef 定义的别名来定义。例如用前述 1 中的形式 2 定义的 pot 来声明：

```
pot  p1,p2,…,pn;
```

2. 结构体变量初始化

在定义结构体类型的同时定义结构体变量并初始化

```
struct 结构体名 {成员1;成员2;成员3;…;成员n;} 变量={成员1值,成员2值,…,成员n值};
```

声明结构体变量的同时进行初始化

```
struct 结构体名 变量x={成员1值,成员2值,…,成员n值};
```

要点提示： 所赋初值与各成员数据类型要匹配或兼容。

3. 结构体变量的使用

（1）普通变量的使用

① 访问方式：结构体变量名.成员名；

② 结构体变量的初始化必须在它声明的同时进行，同类型的结构体变量之间允许进行赋值。例如：stu2=stu1;

③ 结构体成员可以像普通变量一样进行赋值等运算。例如：

```
student1.id=1;
student2.id=student1,id;
student1.id++;
```

要求成员数据类型保持一致。

（2）结构体数组变量的使用

用来表示在实际应用中具有相同数据结构的集合。

【例题解析】 统计五十个学生的身高与体重。

```
struct student
{
    int nWeight;
    int nHigh;
}stu[50];
void main()
{
    int i=0;
    stu[i].nWeight=70;
    stu[i].nHigh=173;
    printf("%d,%d",stu[i].nWeight,stu[i].nHigh);
}
```

（3）指针变量在结构体中的使用

```
struct 结构体名{…;…}变量Normal,指针变量Ptr;
指针变量Ptr=&变量Normal;
指针变量名->成员名;或（*指针变量名）.成员名;
```

（*指针变量）.成员名中的圆括号不可以省略，否则会产生错误，因为结构体成员运算符"."（优先级为 1）的优先级高于指针运算符"*"（优先级为 2）。与指针变量一样，它也可以指向类型与其相同的结构体变量和数组的首地址。通过对结构体指针变量的操作可以完成对结构体变量或数组的相应操作。

4. 结构体与函数

一般函数的定义为：函数类型 函数名（形参表）（……）。如需要对 int 型进行操作，并要求将 int 型返回时，可以这样声明"int name(int x)(......)"；。类比一般的函数定义，如果要求结构体变量作为函数的参数与返回值时，只需要将 int 型换为结构体类型就可以了，结构体为

```
struct dot{
    int nX;
    int nY;
};
struct dot SymmetricalDot(struct dot sDot);
```

总之，函数要求什么样的返回值或什么样的形参，只需要定义相应的类型就可以了。

7.1.2 共用体

1. 共用体的定义与其变量的声明

共用体定义以及其变量声明与结构体的定义方式相似，如下所示：

```
union unit{
    int nClass;
    char cOffice[10];
} ;
```

```
union unit{
    int nClass;
    char cOffice[10];
} uDepartment;
```

```
union {
    int nClass;
    char cOffice[10];
} uDepartment;
```

要点提示：共用体变量的长度等于其成员中最长的长度。例如上面定义的 uDepartment 就为 cOffice 数组的长度，即为 10 个字节，如图 7-1 所示。

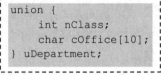

图 7-1 共用体内存分配示意图

所有的变量共用这 10 个字节的空间。如果变量 uDepartment 被赋予整型值时，只使用 sizeof(int) 个字节，而被赋予字符串时，最多可用 10 个字节。

2. 共用体变量的使用

（1）一个共用体变量的值就是最近赋值的某一个成员值。

（2）可以使用指向共用体变量的指针，指向共用体变量的首地址，共用体变量的首地址和它的各成员的首地址相同。

3. 共用体、结构体的不同

（1）不允许只用共用体变量名作赋值或其他操作。

（2）共用体的内存分配与结构体不同。

7.1.3 枚举类型

1. 枚举类型的定义

一般形式为

```
enum 枚举名{元素 1,元素 2,元素 3,…,元素 n};
```

系统默认给第一个元素赋值为 0，其他的依次加 1 递增。如果不想得到默认值，可以在定义时指定特定值。

2. 枚举变量的声明

（1）enum 枚举名 变量 1，变量 2，…，变量 *n*。

（2）enum 枚举名{元素表}变量 1，变量 2，…，变量 n。

（3）enum{元素表}变量 1，变量 2，…，变量 n。

7.1.4 自定义类型

C 语言允许用 typedef 来声明一个新的类型名代替已有的类型名，比如每个人都有自己的名字，但我们同时又有自己的学号，这些学号就是我们的别名。声明新类型名的一般形式为

```
typedef 类型名 新类型名;
```

要点提示： 新类型名与类型名定义的变量类型必须是相同的，例如 typedef int NEWINT，在使用时要注意 NEWINT 是整数类型。

7.1.5 位运算与位段

1. 位运算

运算类型

按位与&(8)；按位或|(10)；按位异或^(9)；按位取反～(2)；按位左移<<(5)；按位右移>>(5)；其中括号内为运算符的优先级。

运算规则（以 3: 0011 和 6: 0110 为例）

（1）3&6:0010;。

（2）3|6: 0111;。

（3）3^6: 0101;。

（4）3~: 1100;。

（5）3<<2:1100; 6>>1:0011。

其中"："后面为运算后的结果。

2. 位段类型的一般形式

```
struct 位段名 {位段成员}变量名…;
```

定义结构体时以位为单位来声明成员所占的内存长度，这样的成员就称为位段或位域。这样做主要是为了避免空间的浪费，使用时注意以下事项。

（1）位段成员类型必须为 unsigned 或 int。

（2）不能定义位段数组。

（3）可以通过增加成员"unsigned   :0;"，使某个位段从另一字节开始存放。

（4）可以为字段定义无名成员"unsigned   :5;"表示 5 个二进位空闲不用。

（5）注意区分（3）、（4）两种情况。

7.2 课后习题指导

1. 选择题

（1）答：A。

提示： 可对比共用体的系统内存分配加深理解区别。

（2）答：A。

（3）答：A。

提示： 这是一个嵌套定义，调用 c 时必须采用级间调用，所以只能选择 A 或 B，但变量 two

并不是结构体 date1 中的变量，所以只能选择 A。

（4）答：A。

提示：a. 一般而言，共用体类型实际占用存储空间为其最长的成员所占的存储空间；

b. 若是该最长的存储空间对其他成员的元类型不满足整除关系,该最大空间自动延伸，见题 6。

（5）答：A。

提示：成员变量 a 减去了 5，成员变量 s 被重新赋值了。

（6）答：B。

提示：内存对齐方式，name 占了 10 个字节，而 sizeof(float)为 4，必须从 4 的倍数开始，所以需要填充两个字节，则最终为 10+2+4*3=24。详细讲解可以参考 7.3 实验问答解答 2。

（7）答：B。

提示：week 被指定为特定的值，从 2 开始加 1 递增可以得到结果为 5。

（8）答：B。

提示：enum 枚举名{元素 1,元素 2,元素 3,…,元素 n}，元素为常量不是字符串。

（9）答：B。

提示：typedef 用来声明一个新的类型名代替已有的类型名。

（10）答：B。

提示：别忘了 STRING 后的[255]，不要错当为单个 char 型变量。

2. 填空题

（1）答：4,8。

提示：一个共用体变量的值就是最近赋值的某一个成员值。共用体中所有成员（结构体是一个成员）占用相同的空间，并且具有相同的首地址，所以变量 a,b,x 共享同一个存储单元，故其中任何一个变量变化，其他两个也将变化。

（2）答：DDBBCC。

提示：em3 的值为 2，数组开始为 0。

3. 编程题

（1）答：

① 流程图如图 7-2 所示。

② 程序代码如下：

图 7-2　按总分排序学生成绩

```c
#include"stdio.h"
#include"stdlib.h"
 struct student_type
{  char cNo[15];    /* 学号 */
    int nMath, nChinese, nEnglish, nTotal,nAverage;
                    /* 三门课成绩、总分、平均分 */
};
main()
{
    struct student_type  stu[3], temp;
    int i, j, k;
    for(i=0; i<3; i++)
    {   printf("请输入学生的学号，数学、语文、英语成绩：\n");
        scanf("%s%d%d%d", &stu[i].cNo, &stu[i].nMath,
                &stu[i].nChinese, &stu[i]. nEnglish);
        stu[i].nTotal = stu[i].nMath + stu[i].nChinese + stu[i].nEnglish;
```

```
                stu[i].nAverage = stu[i].nTotal/3;
        }
    for(i=0; i<3-1; i++)
    {
        k = i;
        for(j=i+1; j<3; j++) if( stu[k].nTotal<stu[j].nTotal ) k=j;
        if( k != i )
        {
        temp = stu[i];
    stu[i] = stu[k];
    stu[k] = temp;
    }
    }
    printf("%10s%10s%10s%10s%10s\n","学号","数学","语文","英语","总分","平均分");
    for(i=0; i<3; i++)
        printf("%10s%10d%10d%10d%10d\n", stu[i].cNo, stu[i].nMath, stu[i].nChinese,
stu[i].nEnglish, stu[i].nTotal, stu[i].nAverage );
}
```

③ 运行结果。

请输入学生的学号，数学、语文、英语成绩：

00101509　66　　75　　64

请输入学生的学号，数学、语文、英语成绩：

00101510　96　　83　　84

请输入学生的学号，数学、语文、英语成绩：

00101525　61　　65　　71

学号	数学	语文	英语	总分	平均分
00101510	96	83	84	263	87
00101509	66	75	64	205	68
00101525	61	65	71	197	65

（2）答：

① 流程图如图 7-3 所示。

② 程序代码如下：

```
#include"stdio.h"
#include"stdlib.h"
main()
{
    struct
    {
        unsigned year, month, day;
    } x;
    int maxday[]={0, 31, 28, 31, 30, 31, 30, 31,
31, 30, 31, 30, 31};
    int i, n;
    printf("请输入年月日:");
    scanf("%d%d%d", &x.year, &x.month, &x.day);
    if((x.year%4==0  &&  x.year%100!=0)  ||
( x.year%400==0))
    {maxday[2]=29;}
    for(i=1, n=0; i<x.month; i++)
    {
        n += maxday[i];
    }
```

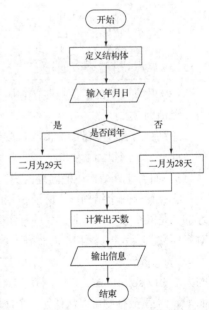

图 7-3　将年、月、日转化为该年的第几天

```
        n += x.day;
    printf("%d年%d月%d日是该年的第%d天。\n", x.year, x.month, x.day, n);
}
```

（3）答：程序代码如下：

```
#include"stdio.h"
#include"stdlib.h".
void main()
{
    union
    {
        unsigned long k;
        unsigned short a[2];
    } u;
    u.k = 0xef3d6ab9;
    printf("%x, %x", u.a[0], u.a[1]);
}
```

提示：共用体所有成员变量的首地址相同，且占据相同的内存空间。

（4）答：enummoney { fen1, fen2, fen5, jiao1, jiao2, jiao5, yuan1, yuan2, yuan5, yuan10, yuan20, yuan50, yuan100 };

7.3 实验问题解答

1. 如何理解结构体、共用体与枚举变量初始化的不同？

答：（1）结构体变量的初始化可以在它定义的时候就进行。例如 struct student stu={"name",123};

要点提示：如下初始化是非法的 struct student stu; stu={"name",123};

（2）共用体不可以在它定义时对所有成员进行初始化。例如：

```
union unit
{   int nClass;
    char cOffice[10];
} uDepa,ss={12,"fdsfs"};
```

（3）枚举变量的赋值只能在它成员变量的值中取，如其成员变量的值为 0~6，则枚举变量不可以赋值为 7。

总结：这三种变量的赋值与各成员数据类型要匹配或兼容，这与一般变量的赋值要求是相同的，即 int 型不能赋值为 float 型，否则会失去精确度（除非需要这样做）。

2. 如何计算结构体的内存占用？

答：计算一个结构体实际所占用的内存字节时，不是简单相加。计算机要求存储数据的首地址的值是某个数 k（通常为 2 的幂次数）的倍数，这就是内存对齐。其中 k 被称为该数据类型的对齐模数。当一种类型 M 的对齐模数与另一种类型 N 的对齐模数的比值是大于 1 的整数，称类型 M 的对齐要求比 N 强（严格），N 比 M 弱（宽松）。任何基本数据类型 M 的对齐模数就是 M 的大小，以 sizeof（M）进行测算。如 int 类型（4 字节），就要求该类型数据的地址总是 4 的倍数，而 char 类型数据则可以从任何一个地址开始，ANSIC 标准规定结构体类型的对齐要求不能比它所有字段中要求最严格的那个宽松，可以更严格（一般要求它们一样严格）。例如：

```
struct X
{
    char cX1;
    int nX2;
    char cX3;
}a;
```

```
struct X
{
    char cX1;
    char cX3;
    int nX2;
}a;
```

代码示例 1　　　　　　　　　　　　代码示例 2

对于代码示例 1，字段中最严格的为 int（4 个字节），char 为 1 个字节，因此后面的 int 型，必然不满足 4 字节对齐要求 i，所以在 x1 后需要填充三个字节，这样内存为 1+3+4+1=9 个，但同时要求结构体类型不能比它所有字段中要求最严格的（int 型）那个宽松，所以内存为 12。结构体内存计算示意图如图 7-4 所示。

cX1占1个字节	填充3个字节	nX2占4个字节	cX3占1个字节	填充3个字节
12个字节				

图 7-4　结构体内存计算示意图

如果换为代码示例 2，则内存空间大小为 8，如图 7-5 所示。

cX1占1个字节	cX3占1个字节	填充2个字节	nX2占4个字节
8个字节			

图 7-5　结构体内存计算示意图

要点提示：此时 8 已经比 4 更严格，所以后面不需要再填充字节。

3. 如何正确使用结构体指针变量？

答：（1）结构体指针变量在使用前必须让其指向有效的内存空间。例如：

```
struct student{char name[20],char num[20]};
struct student *p, stu={"li","123"};
p=&stu;
```

以下访问是错误的：struct student *p；p={"li","123"}；回顾指针内容。

（2）指针对结构体数组的访问 struct student *p, stu[50];p=stu;

要点提示：执行 p++ 后，p 指向的并不是 stu[0] 的 num，而是 stu[1] 的首地址，即 p 向后移动一个结构体单元，若执行以下语句 printf("%c","%c",p->name,p->num)；则输出的是第二个学生对应的信息。

4. 如何理解一个共用体变量的值就是最近赋值的某一个成员值？

答：先看一个实例。

```
union unit
{
    int nX;
    char cY[10];
} uDepa;
```

如果先给 nX 赋值为 2112345678（此时 int 型内存空间全部被占据），再给 cY 赋值，那么后一次的赋值将覆盖前一次赋值但不一定全覆盖，如果 cY 赋值为 "qwe"，那么将只能覆盖 int 型的 3 个字节，使 int 型有残留，nX 将输出乱码，但 cY 输出的则为 "qwe"，虽然 cY 申请了 10 个字节，但它只用了三个字节，所以也只输出三个字节。

① nX 赋值时，共用体成员的内存情况如图 7-6 所示。

图 7-6　共用体成员内存图一

② cY 赋值时，共用体成员的内存情况如图 7-7 所示。

图 7-7　共用体成员内存图二

要点提示：对于上面的情况，如果先给 cY 赋值为"qwe",再给 nX 赋值为 2112345678，则 cY 输出为乱码，nX 输出正确值。

5. 如何理解枚举元素特定值的设定？

答：在定义枚举成员时，系统已为它们赋了默认值，如果不愿得到默认值，可以在定义时指定特定值，跟随其后的元素也将跟着依次加 1 递增，直到遇到新的元素被指为定特定值。例如：

enum week{sun=10,mon,tue,wed,thu=1,fri,sat}　其中 sun，mon，tue，wed 的值将分别为 10，11，12，13；thu，fri，sat 的值将分别为 1，2，3。

6. 结构体、共用体和枚举成员的区别？

答：（1）结构体各个成员占据独立的内存空间，彼此不会影响，对于结构体成员可以像普通变量一样进行赋值等运算。例如：

```
student1.id=1;
student2.id=student1.id;
```

（2）共用体成员占用同一个内存空间，所有成员的起始地址相同，共用体的内存大小为其成员中占据内存最大的那个成员大小，且一个共用体变量的值就是最近赋值的某一个成员值，如实验问题解答 4 中所介绍的。

（3）枚举成员是常量，它可以给其他变量赋值，但本身的值不可以改变，也就是说它不能像结构体成员那样进行自身++或其他运算。

7. 利用 typedef 自定义需要注意哪些问题？

答：它的一般形式为

```
typedef 类型名 新类型名;
```

其中，类型名是已经声明的合法类型，可以是整型、字符型、结构体类型等，不可以是变量。新类型名只要是合法的 C 语言标识符就可以了。

要点提示：typedef 语句并未产生新的类型，只是为已知类型起一个别名。

第8章
综合设计与应用

8.1 本章学习辅导

8.1.1 变量的作用域与存储类别

1. 变量的作用域

变量可被识别、能够起作用的范围称为变量的作用域。C 语言标准根据变量在源程序中可能出现的位置，将源程序划分成四个不同的区域，分别是：文件域、函数域、块域和函数原型域。

（1）文件域：指在一个源文件的区域内。

在函数外声明的变量具有文件域。具有文件域的变量在源文件中有效的范围是从声明它的位置开始到源文件尾，也称为全局变量或外部变量，例如：

```
int a,b;        /*全局变量*/
void f1()       /*函数 f1*/
{
    …
}
…
```

其中，变量 a, b 具有文件作用域。关键字 extern 可以保证声明的变量具有文件作用域并可在其声明之前的函数中被引用。一般形式为

```
extern  数据类型全局变量名; 或 extern  全局变量名;
```

例如：

```
int a,b;        /*全局变量*/
void f1()       /*函数 f1*/
{
    extern float x,y;/*全局变量引用声明, 保证函数 f1 可以合法引用 x, y*/
    …
}
float x,y;      /*全局变量*/
int f2()        /*函数 f2*/
{
    …
}
```

（2）函数域：指在一个函数定义的区域内。起始于函数的"{"，结束于函数的"}"。

（3）块域：指在块语句中从左花括符开始到右花括符结束的区域内。

（4）函数原型域：指在函数原型声明语句的范围内，即包含在函数的"（）"内。

2. 变量的存储类别

（1）自动存储类别：变量默认的存储类别。一般形式为

```
auto 变量类型 变量1，变量2… 或 变量类型 变量1，变量2…；
```

（2）寄存器存储类别：存放在寄存器中的变量，运算速度快，但存储空间有限。一般形式为

```
register 变量类型 变量1，变量2…；
```

（3）外部存储类别：当某个源文件中的函数要使用定义在另一个源文件中的全局变量或函数时，可以在该文件中用 extern 进行引用声明，也可用于外部的函数声明。一般形式为

```
extern 变量类型 变量名/函数名；
```

（4）静态存储类别：位于静态存储区，在函数调用结束后，它的值仍然存在，下一次调用时，是在上次值的基础上进行的。一般形式为

```
static 变量类型 变量名1，变量名2，…；
```

8.1.2 指针与数组

1. 一维数组与指针

数组名为数组的首地址，可以将数组名赋给具有相同类型的指针，通过指针的移动来访问数组中每一个元素。例如：

```
int *p, nA[]={1,2,3};
for(p=nA; p<nA+3; p++)
    printf("%5d", *p);
```

2. 多维数组与指针

（1）用列指针访问二维数组元素

由于 C 语言中的二维数组元素是以行优先连续存储的，并且在内存中元素的存储仍然是线性的，因此可以定义一个指针变量 pointer 指向二维数组的第一个元素，那么数组的第 i 行第 j 列元素的地址可表示为 pointer+i*n+j，而元素的值为*(pointer+i*n+j)，可以使用 pointer++这样的语句逐一访问二维数组的元素。例如：

```
int anArr[2][2];
int *pointer;
pointer=anArr[0];   //必须这样赋值才能使其具有列指针特性，否则会导致错误
for(pointer=*anArr;pointer<*anArr+2*2; pointer++)
    printf("%4d",*pointer);
```

（2）用行指针访问二维数组元素

一般形式为：类型说明符 (*指针名)[常量 N]；

例如：

```
int nArr[3][4] ;
int (*pointer)[4];/*行指针*/
pointer=nArr;
```

（3）对于二维数组的访问方式

指针的引入使二维数组的访问方式变得非常丰富，但要注意二维数组一定要用二维的思想来表达，凡是在二维数组中出现的一维表达均为地址，而不是数组元素的值。例如：

```
int a[3][4]={{1,3,5,7},{9,11,13,15},{17,19,21,23}};
a：数组名，数组首地址
a[0] 第 0 行首地址
a[1] 第 1 行首地址          ──一维表达均为地址
a[2] 第 2 行首地址
a+0,a+1,a+2
*(a+0),*(a+1),*(a+2)
*a[0],*a[1],*a[2]
*(a[0]+0), *(a[0]+1) , *(a[0]+2) , *(a[0]+3)…
                                          ──二维表达均为元素值
*(*(a+0)+0), *(*(a+0)+1) , *(*(a+0)+2) …
…
```

3. 指针数组

指针数组是一个数组，只不过数组中的元素都是相同的指针类型。一般形式为

[存储类型] 数据类型 *数组名[元素个数];

例如：

char *pcCompL[5] = {"Pascal","Basic","Fortran","Java","Visual C"};

表示该指针数组中共有 5 个元素，其地址分别为"Pascal","Basic","Fortran","Java","Visual C" 5
个字符串的首地址。

8.1.3　函数 main()中的参数

main()函数的参数是由 C 语言用命令行参数机制来处理的，C 语言程序把命令行里的字符看
成由空格分隔的若干字段，每段被看作一个命令参数。命令（可执行程序的名字）本身是编号为
0 的参数，后面的参数依次编号。在程序启动后，main()还没有开始执行前，这些命令行参数被做
一组字符串，可以按规定方式使用它们，去处理各个命令行参数。一般形式为

```
int main(int argc , char *argv[])
{ … }
```

例如，编译后的可执行文件为 Test.exe，当在命令行执行时输入 "C:\>Text.exe program is OK."，
则 argc=4，argy[0]="Text.exe"，argy[1]="program"，argy[0]="is"，argy[0]="OK."。

8.1.4　指针型函数

1. 指针型函数的概念

当一个函数的返回值是指针类型时，这个函数就是指针型函数。一般形式为

```
函数类型 *函数名([形参表])
{
    函数体;
    return *指针;
}
```

2. 要点提示

返回指针时，一定要注意返回指针所指向的地址空间是否合法。例如在函数体内声明的
变量或动态分配的内存空间，由于其只具有函数作用域，会随着函数执行完毕而被系统回收
或释放，当返回到主函数时，会出现访问空间不存在的错误。通常这一错误比较严重并且不
容易被发现！

8.1.5　链表

链表是一类特殊的结构体，在结构体的定义中，包含有当前正在定义的结构体指针。

1. 结点定义

```
struct 结构体名{
        数据类型 结构体成员 1;
        数据类型 结构体成员 2;
        …
sruct 结构体名 *next;}
```

2. 链表的操作

（1）链表的创建：首先向系统申请一个结点的空间，然后向数据域输入信息，并将指针域置为 NULL（链尾标志），最后将新结点插入链表尾，循环这一过程，直到完成链表的创建。

（2）链表的查找：按给定的检索条件，从链表的第一个结点开始，与每个结点的值进行比较，直至找到符合条件的结点或查到链表最后一个结点为止。

（3）将结点插入链表：找到所要插入位置的前一个结点 pre，使当前要插入的结点 cur 的 next 域指向 pre 的 next 域，即 cur->next=pre->next，然后让 pre 的 next 域指向结点 cur，即 pre->next=cur，插入完成。

（4）删除链表的结点：找到符合条件的结点 cur 和其前驱结点 pre，使其前驱结点 pre 的 next 域指向结点 cur 的 next 域，即 pre->next=cur->next，然后，释放结点 cur，即 free（cur）完成删除。

（5）带头结点的链表：在链表起始处设置一个结点，此结点的数据域不被赋值，仅表示链表已创建或为空，真正的链表结点是从该结点之后开始算起的。

8.2　课后习题指导

1. 选择题

（1）答：B。

提示：*(a+3)[4]代表的是地址，其他选项元素访问方式详见主教材。

（2）答：D。

提示："struct tt a[4]={20,a+1,15,a+2,30,a+3,17,a};"中的 a+1，a+2 等代表的是数组 a[]的地址，因此"p=p->y;"等价于 p++。

2. 填空题

（1）答：

6356704，6356704

6356704，6356704

6356720，6356720

5，5

6，6

6356704，1

提示：a 为数组的首地址，a[0],*a,*(a+0)代表的是第 0 行 0 列的地址，与数组的首地址相同，

*a[1],**(a+1)代表的是第 1 行第 0 列的元素。但地址是以十六进制存的，而这里的输出却是十进制。

（2）答：a[1][2]=7。

提示：*(p+i)表示第 i 行 0 列。

（3）答：13431。

提示：i++是先赋值再加 1，++i 是先加 1 再赋值。

（4）答：5。

提示："s[0].next=s+1; s[1].next=s+2; s[2].next=s;"建立了一个循环链表（即最后一个结点的 next 域指向了第一个结点），q->next->num 为 3，r->next->next->num 为 2，所以结果为 5。

（5）答：40。

提示：s1，s2 指向相同的地址，其中任何一个的改变都将影响另一个。

3．编程题

（1）流程图如图 8-1 所示。

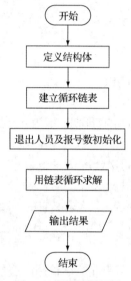

图 8-1 围圈报号问题

（2）程序代码如下：

```
#include <stdio.h>
struct people
{
    int nNum;
    struct people*next;
}pe[27],*p;
void main()
{
    int i,m,k;
    for(i=0;i<26;i++)
    {
        pe[i].nNum=i+1;
        pe[i].next=&pe[i+1];
    }
```

```
        pe[26].nNum=27;
        pe[26].next=pe;
        p=pe;
        k=0;
        m=0;
        while(m<26)//当循环体人数比 n-1 少时(即未退出人数大于 1 时)执行循环体
        {
                if((p->nNum)!=0)
                        k++;
                if(k%3==0)//当报号是 3 的倍数时，退出
                {
                        p->nNum=0;
                        m++;
                }
                p=p->next;//指向下一个人
        }
        p=pe;
        while(p->nNum==0)
                p=p->next;
        printf("最后在圈的人的序号为：%d",p->nNum);
}
```

4. 简答题

答：（1）s1、s2、s3、s4 均属地址传递。

（2）在函数 fc()内。

（3）整个程序运行期间为变量 r 的生存周期，因为其是静态变量。

（4）将会出现溢出的情况。

（5）连接两个字符串，将两个字符串合并成一个。

5. 分析题

答：在程序 1 中，i 是一个局部变量，只在定义它的函数内有效。因此，在此函数内 i 值改变时，并不改变其他函数内的 i 值。prt2()用于输出"*"，prt1()间接地调用了 prt2()，每调用一次 prt1()，输出 5 个"*"，并换行。

在程序 2 中，i 是一个全局变量，在整个程序范围内均有效，因此在一个函数中改变 i 值时，i 值在其他函数内也会跟着变化。

8.3　实验问题解答

1. 变量的函数域与块域之间有什么区别？

答：函数域是指在一个函数定义的区域内起作用，C 语言中只有标号（后跟冒号":"的标识符）具有函数域，这意味着 goto 语句不能在不同的函数间跳来跳去。块域是指只在块语句中从左花括符开始到右花括符结束的区域内起作用。例如：函数的形参和在块语句中声明的变量，它们只在块域内可识别，块外不可识别，因此允许在不同的块中使用相同的变量名。当域外的变量名与域内重复时，进入块域，原先的变量将被覆盖。

2. 变量的存储方式有几种？它们有何区别？

答：变量的存储方式有两种：静态方式和动态方式。以静态方式存储的变量称为静态变量，

存储在静态存储区中，系统总是将没有赋初值的数值型和字符型静态变量初始化为 0；以动态方式存储的变量称为动态变量，存储在动态存储区，系统不为动态变量初始化，如果没有人为地对动态变量赋初值，则它的初始值是不确定的。

3．对于一维数组有几种访问方式？

答：（1）当通过数组名访问时有两种方式，a[i]或*(a+i)，不可以进行 a++操作。

（2）当定义指针 p 指向数组 a 时有两种方式，p[i]或*(p+i)，p++指向下一个存储单元。

4．int *point[]和 int (*point)[]有何区别？

答："[]"的优先级高于"*"，int *point[]表示的是指针数组。例如，"int *point[5];"中 point 是一个有 5 个元素的数组，每个元素都是指向整型变量的指针。int (*point)[]是以行指针的形式访问。例如，"int (*pointer)[4];"指向包含 4 个整型元素的一维数组。

5．函数 main()是否可以有参数？

答：函数 main()可以有参数。C 语言程序通过函数 main()的参数获取命令行参数，函数 main()没有参数，表明不处理命令行参数，而实际上 main()可以有两参数，原型如下：

```
int main(int argc , char *argv[]);
```

要点提示：这两参数可以用任何名字，只是它们的类型必须是确定的。

6．如何理解链表的概念？

答：（1）链表是一种物理存储单元上不一定连续的存储结构，数据元素的逻辑顺序是通过链表各结点指针域进行连接的。链表由一系列结点组成，结点可以在运行时动态生成。

（2）链表中的每个结点通常由两个域组成，一个称为数据域 data，另一个称为指针域 next。数据域用来存储用户的数据；指针域是一个结构类型的指针，用来存储下一个结点的地址。一般形式为

```
struct  node
{
    数据类型    data;
    struct node  *next;
}
```

7．链表设置头结点有何好处？

答：设置链表头结点的目的是统一空表与非空表、表头和表中位置的操作形式，简化链表操作，具体说明如下。

（1）无论链表是否为空，其头指针都是指向头结点的非空指针（空表中头结点的指针域为空），因此空表和非空表的处理也就统一了。

（2）由于开始结点的位置被存放在头结点的指针域中，所以在链表的第一个位置上的操作就和在链表的其他位置上的操作一致，无须进行特殊处理。

第9章
数据永久性存储

9.1 本章学习辅导

9.1.1 文件管理

1. 文件的概念

文件是永久性存储设备的最基本的存储单位，能够大量、长久地保存数据。它是存储在永久性存储设备上的具有名字的一组相关数据的集合。

2. 文件访问方式

文件管理是通常由操作系统提供的一种服务，可通过文件的存储路径和文件名来进行访问。

（1）文件名格式为："基本名.扩展名"。基本名是用户自己命名的，扩展名表征了文件类型。

（2）文件存储路径：文件是置于目录（文件夹）下的，文件路径由目录名构成，分为两种。

① 绝对路径：从文件所在根目录到该文件所在目录所经过的所有目录名。例如：c:\zwg\zwg.txt。

② 相对路径：从当前目录到文件所在目录经过的目录名，例如，zwg.txt。还可用".."来表示当前目录的上级目录，例如，..\zwg.txt。

9.1.2 文件组织方式

文件是以编码方式和存储格式来组织管理的。

1. 编码方式

文件在 C 语言中被看作是有序的字节流，按编码方式可分为二进制文件和文本文件。

（1）文本文件：存放的是字符对应的 ASCII 码值，存放时要经过字符转换。典型的有文本文件（扩展名为.txt）、C 语言源程序文件（扩展名为.c）、C/C++语言头文件（扩展名为.h）等。

（2）二进制文件：存放的是内存中实际存储数据的形式，无须经过字符转换。典型的有可执行程序文件（扩展名为.exe）、图像文件（扩展名为.bmp）、数据文件（扩展名为.dat）等。

2. 存储格式

不同的文件有具有不同的存储格式，不公开文件格式可以保护文件信息。

9.1.3 文件操作

1. 标准输入/输出头文件 stdio.h

（1）在 stdio.h 文件中定义了文件结构体类型 FILE 和一些文件操作宏常量及文件操作函数等，该类型包含了文件名、文件状态和当前文件的读写位置等相关信息。

（2）文件指针：指向被访问的文件并通过该文件指针变量来访问文件信息，一个文件指针只能指向一个文件。

声明变量的形式如下：

```
FILE *fp;
```

（3）位置指针：指向文件字节流当前流向的位置，随着文件的顺序读写，做顺序移动。

（4）要点提示：调用文件打开函数将文件打开，并将文件地址赋给文件指针，这个值在文件整个的操作过程中是不会改变的，除非通过文件关闭指针把它与该文件脱离；而位置指针的值是可以改变的，可以通过调用 ftell()来获得位置指针的值，也可以通过文件随机定位函数 fseek()来改写位置指针的当前指向，从而实现文件的随机读写操作。

2. 打开文件函数 fopen()

函数 fopen()的功能是打开指定的文件，并返回文件所在的地址。一般形式为

```
FILE *fopen( const char *filename, const char *mode );
```

例如：

```
FILE *fp;
/*若打开文件成功，则返回文件指针值;否则，返回 NULL(值为 0)*/
fp = fopen("ZhanChunyan.txt","w");
if( NULL == fp)
{ printf("Open file error!");
   exit(-1);
}/*执行完 fopen()一定要用返回值来判断文件打开操作是否成功执行*/
```

要点提示：

（1）参数 filename 表示要打开的文件，通常是一个字符串、字符串常量、字符数组或指针。字符串常量用""来定界。若字符串常量中文件名采用路径（绝对或相对）表示形式，特别注意用"\\"表示转义字符"\"。例如：fp=fopen("c:\\zwg\\zwg.txt","r")。

（2）参数 mode 表示文件打开方式。它由两类字符组成，一类是表示打开文件的类型——文本文件（用"t"表示，一般可以省略）和二进制文件（用"b"表示），默认方式为打开文本文件；另一类是文件读写方式，包括只读（"r"），只写（"w"），读/写（"r+" / "w+"）和追加数据（"a" / "a+"）四种打开方式打开，"+"表示可进行读/写操作。

3. 关闭文件函数 fclose()

函数 fclose()的功能为关闭打开的文件，保存变更的数据并释放相关资源。一般形式为

```
int fclose(FILE *stream);
```

例如：

```
fclose(fp);
```

要点提示：

（1）函数传入的实参是程序中用来打开该文件的文件指针，如果有很多文件同时操作，注意在函数 fopen()和 fclose()中指针的对应关系，不要用混了。

（2）若关闭文件成功，则返回 0；否则，返回 EOF。

4. 文件测试函数

（1）函数 feof()的功能为测试文件是否结束。一般形式为

```
int feof(FILE *stream);
```

普遍调用方式为

```
if(!feof(fp));        /*如果没遇到文件末尾则执行操作*/
{
    …                 /*文件读写代码*/
}
```

要点提示：一般用于在读文件操作之前测试是否遇到文件末尾，是末尾则返回非 0；否则返回 0，以避免因为无数据可读而出现的读操作错误。

（2）函数 ferror()的功能为测试文件操作是否出现错误。一般形式为

```
int ferror(FILE *stream);
```

普遍调用方式为

```
/*文件操作函数调用语句；*/
if(ferror(fp))        /*如果文件读或写出错*/
{
    …                 /*文件读写错误处理程序代码*/
}
```

要点提示：函数 ferror()用来测试对文件的某个读/写操作是否出现错误，测试到错误则返回非 0 值；否则返回 0，通常紧跟在要判断是否出现错误的文件操作之后。

5. 文件定位函数

（1）函数 rewind()的功能是把文件内部读写指针无条件地重新指向文件头位置。一般形式为

```
void rewind(FILE *stream);
```

例如：

```
rewind(fp);
```

要点提示：该函数无返回值。

（2）函数 fseek()的功能是把文件内部读写指针指向一个特定的位置，一般形式为

```
int fseek(FILE *stream, long int offset, int whence);
```

例如：

```
fseek（fp，长整型偏移量，文件内部预定义位置）；
```

要点提示：偏移量必须是长整型，如 0L、-100L、100L。正数表示新位置在预定义位置前；负数表示在其后。预定义的位置包含三个：宏定义下的 SEEK_SET（文件头位置）、SEEK_CUR（文件读写指针当前所指位置）和 SEEK_END（文件尾位置），但在实际使用中尽量使用 SEEK_SET 作为参照点，方便计算。

（3）函数 ftell()功能是返回文件内部读写位置指针的当前指向的位置，一般形式为

```
long int ftell(FILE *stream);
```

例如：

```
long int InFileSize=ftell(fp);
```

要点提示：调用成功则返回当前位置距离文件头的偏移量（字节数）；否则，返回-1L。

（4）注意事项。

① fseek()和 ftell()一般用于二进制。

② rewind(fp)和 fseek(fp,0L,SEEK_SET)二者等价。

6. 文件读写函数

（1）字符读/写函数 fgetc()和 fputc()，一般形式为

```
int fgetc(FILE *stream);
```

```
int fputc(int ch, FILE *stream);
```

例如：

```
char ch=fgetc(fp1);fputc(ch,fp2);
```

要点提示：fgetc()调用成功返回字符的整数值，失败返回 EOF；fputc()调用成功返回字符的整数值，失败返回 EOF。

（2）字符串读/写函数 fgets()和 fputs()，一般形式为

```
char *fgets(char *s, int n, FILE *stream);
int fputs(char *s, FILE *stream);
```

例如：

```
int nResult=fputs(str1,fp);
char *ch= fgets(str2,n1,fp);
```

要点提示：

① fputs()把字符串 str1 写入文件，字符串结尾的空字符不写入文件中，利用返回值判断是否成功写入数据。调用成功则返回非负整数值，否则返回 EOF。

② fgets()从文件中读取 n–1 个字符赋给 str2，再自动加上 '0'。调用成功则返回字符串 str2 的首地址，否则返回 NULL。

（3）格式化读/写函数 fscanf()和 fprintf()，一般形式为

```
int fscanf(FILE *stream, const char *format, … );
int fprintf(FILE *stream, const char *format, … );
```

例如：

```
int nResult=fscanf(fp,"%格式字符串", &变量);
int nResult=fprintf(fp, "%格式字符串", 变量);
```

要点提示：

① fscanf()仅是比 scanf()多了一个文件指针的参数，该参数用来指定从哪个文件中读入格式化数据，利用返回值判断是否成功读出数据。调用成功则返回写入的字节数，否则返回负整数。

② fprint()仅是比 printf()多了一个文件指针的参数，该参数用来指定把格式化数据写入到哪个文件中，写入文件的数据总是以字符串形式，利用返回值判断是否成功写入数据。调用成功则返回所读取的字节数，否则返回 EOF。

（4）数据块读/写函数 fread()和 fwrite()的功能是读取或写入整块数据，一般形式为：

```
size_t fread(void *buffer, size_t size, size_t count, FILE *stream);
size_t fwrite(void *buffer, size_t size, size_t count, FILE *stream);
```

例如：

```
int NumRead=fread(list,size,count,stream);
int NumWritten=fwrite(list,size,count,stream);
```

要点提示：

① 数据块读写函数的返回值都是实际读出或写入的数据项个数，成功调用返回 count，否则返回值小于 count。注意数据项和偏移量是不一样的概念。

② 数据所占字节数 size 的大小可用 sizeof()求出来，即 sizeof（数据类型），而不直接指出，这样有利于增加程序代码的可移植性。

③ 特别注意，fread()和 fwrite()函数一般用于二进制文件的数据库读写操作。

9.2 课后习题指导

1. 填空题

（1）答：fp1。

（2）答：fp2；ch。

（3）答：fp2。

（4）答：feof(fp1)；%c；&ch。

提示：feof()函数通常在进行文件读写操作之前检测是否是文件末尾，避免发生读写错误。

（5）答：str；sizeof(char)。

（6）答：0L；SEEK_END（也可填2）。

提示：SEEK_END是C语言里文件操作默认的宏定义常量2，即可用宏定义常量，也可用直接用数值。

2. 选择题

（1）答：A。

（2）答：B。

提示：fcanf()和scanf()用法相似，但文件操作函数都要指明是哪一个文件，所以fcanf()函数的第一个参数是文件指针。后面两个参数和scanf()一样的。

（3）答：D。

提示："\\"表示反斜杠"\"，其中前一个反斜杠字符表示转义的意思。

（4）答：B。

（5）答：B。

提示：fseek()函数是用于给文件读写指针定位的，常量2表示文件末尾，即SEEK_END，其中-10L前的负号表示新位置在所指明的位置，即文件末尾的前面，如果是正号则表示在该位置后面；10L是相对所指明的位置偏移的字节数，所以答案选B。

（6）答：D。

（7）答：B。

提示：fclose()是对一个文件操作结束时必须调用的函数，与fopen()对应，成功则返回0；失败返回EOF。

（8）答：B。

提示：feof()通常用在读写文件时用来测试是否遇到文件末尾，是文件末尾则返回非0值，不是则返回0。

3. 简答题

（1）一般而言，如果打开文件失败，函数fopen()返回的FILE指针是为空的无效指针，继续使用一个无效的空文件指针进行文件操作，是一件很危险的事情。所以在fopen()调用后要紧跟错误判断及处理。为了避免出现异常，对文件操作函数最好进行错误检测和处理。

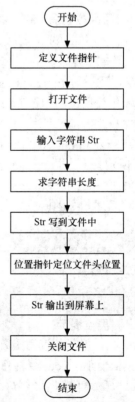

图9-1 文件字符读/写操作

（2）"r+"要求文件已存在；"w+"方式如果文件已存在则在完全破坏原文件的基础上再重新创建；"a+"是读/追加数据的方式，用于更新文件，在不破坏原文件的基础上追加数据，兼有"r+"和"w+"两种模式的特点，因而更适合用来改变文件中已有的内容。

4．编程题

（1）修改本章中程序清单 9-3 中 StringWriteAndRead.c，使只用打开和关闭文件各 1 次。

① 算法设计：文件字符读/写操作流程图如图 9-1 所示。

② 根据图 9-1 实现的程序代码如下：

```c
#include <stdio.h>
#include <stdlib.h>
#include <string.h>
/*功能描述:对文件的读/写字符串*/
int main(void)
{
    FILE *fp;
    char str[81], strNew[81], *pCh;
    int nResult, nLen;

    fp = fopen("hit.txt", "w+");              /* 创建文件 hit.txt 并打开 */
    if (NULL== fp)
    {
        printf("Open file hit.txt error\n");
        exit(-1);
    }
    printf("Please input a string:\n");
    gets(str);                                /*获取键盘输入字符串*/
    nLen = strlen(str);                       /*计算字符串长度*/
    nResult = fputs(str, fp);                 /*把字符串写入文件中*/
    if(EOF == nResult)
    {
        printf("Write string to hit.txt error\n");
        exit(-1);
    }
    printf("Write string to file completely\n");
    fseek(fp, 0L, SEEK_SET);                  /*文件内部读写位置指针重新定位到文件头*/
    pCh = fgets(strNew, nLen+1, fp);          /*从文件中读取字符串*/
    if(NULL == pCh)
    {
        printf("Read string from hit.txt error\n");
        exit(-1);
    }
    puts(pCh);                                /*输出字符串到屏幕,此处也可把 pCh 替换成 strNew*/
    fclose(fp);
    return 0;
}
```

（2）通过命令行参数给定 2 个文件的文件名，要求把第二个文件的内容原封不动地写入第一个文件的尾部，并且不能破坏第一个文件原有数据。

① 算法设计：文件的复制流程图如图 9-2 所示。

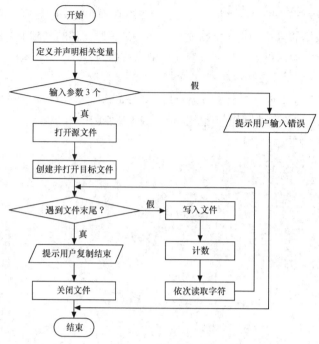

图 9-2　文件的复制

② 根据图 9-2 实现的程序代码如下：

```c
#include <stdio.h>
#include <stdlib.h>
/*功能描述:通过命令行参数实现文件复制功能 */
int main(int argc, char *argv[])
{
    FILE *fpSource, *fpDest;
    char ch;
    int nNum=0;

    if(argc != 3)                                /* 判断命令行参数输入是否正确 */
    {
        printf("Please use this program like:\n");
        printf("FileCopy SourceFileName DestinationFileName\n");
        exit(-1);
    }
    fpSource = fopen(argv[1], "r");              /* 打开复制源文件 */
    if (NULL== fpSource)
    {   printf("Open source file error\n");
        exit(-1);
    }
    fpDest = fopen(argv[2], "w");                /* 创建并打开复制目标文件 */
    if (NULL== fpDest)
    {   printf("Open destination file error\n");
        exit(-1);
    }
    ch = fgetc(fpSource);                        /* 从源文件中读入字符 */
    while(!feof(fpSource))                        /* 判断当前读入字符是否为文件结束符 */
    {   fputc(ch, fpDest);                       /* 把当前字符写入到目标文件中 */
        nNum++;                                  /* 统计复制字节数 */
```

```
        ch = fgetc(fpSource);
    }
    printf("Copied %d bytes.\n", nNum);
    printf("File Copy Successfully!\n");
    fclose(fpSource);                          /* 关闭文件 */
    fclose(fpDest);
    return 0;
}
```

（3）给定一文本文件和一个字符，要求编程实现把该文件中包含有此指定字符的所有数据行打印出来并按原有样式写入到一个新的文本文件中保存起来。

① 实现读取文件中一行字符的功能的算法设计如图 9-3 所示。

② 根据图 9-3 实现的程序代码如下：

```
#include <stdio.h>
#include <stdlib.h>
int readLine(FILE *fp, char *buffer)
{
    char character;
    int i=0;
    do
    {
        character = fgetc(fp);                 /* 从文件中读取单个字符 */
        buffer[i]=character;                   /* 字符存放到 buffer 中 */
        ++i;                                   /* 计数 */
    }while (character!='\n'&& !feof(fp));      /* 遇到换行符或文件结束符停止循环 */
    buffer[i-1]='\0';                          /* 给 buffer 添加空字符构成字符串 */
    return (i-1);                              /* 返回所读取的字符数 */
}
```

③ 实现在一行中查找指定字符功能的算法设计如图 9-4 所示。

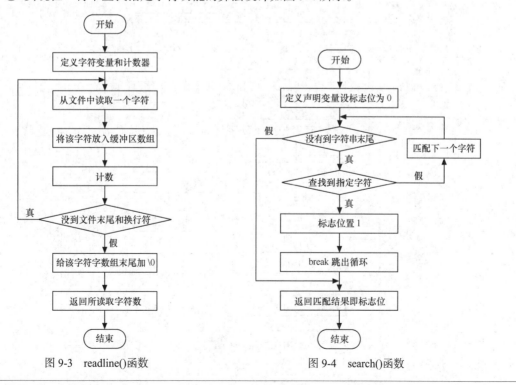

图 9-3　readline()函数　　　　图 9-4　search()函数

④ 根据图 9-4 实现的程序代码如下：

```
int search(char ch, char *buffer)
{
    int i = 0, result = 0;
    while('\0' != *(buffer+i))                    /* 遇空字符停止循环 */
    {
        if(ch == *(buffer+i))
        {
            result = 1;
            break;
        }
        i++;
    }
    return result;
}
```

⑤ 主程序的算法设计如图 9-5 所示。

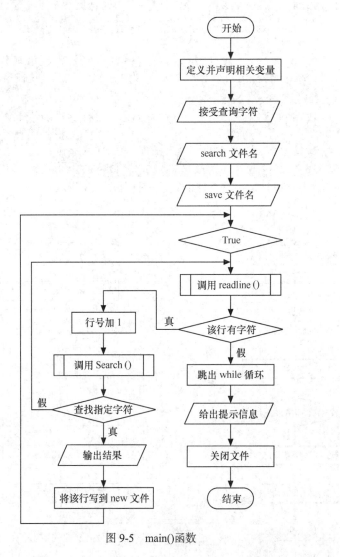

图 9-5　main()函数

⑥ 根据图 9-5 实现的程序代码如下:

```c
int main(void)
{
    FILE *fpSearch, *fpSave;
    char ch, filename[50], savename[50], buffer[500];
    int nNum=0, line=0;
    printf("Please input the character that you want to search:\n");
    ch = getchar();                        /* 输入指定字符 */
    getchar();                             /* 消除"脏"回车符影响 */
    printf("Please input the filename:\n");
    gets(filename);                        /* 输入文件名 */
    printf("Please input the saveas filename:\n");
    gets(savename);                        /* 输入要另存为的文件名 */
    fpSearch = fopen(filename, "r");
    if (NULL== fpSearch)
    {
        printf("Open the search file error\n");
        exit(-1);
    }
    fpSave = fopen(savename, "w+");
    if (NULL== fpSave)
    {
        printf("Open the saveas file error\n");
        exit(-1);
    }
    while(1)
    {
        nNum = readLine(fpSearch, buffer);  /* 读取文件内的一行字符 */
        if(0 == nNum)         /* 若所读取的字符数为 0，则说明已无文件行可读，停止循环 */
            break;
        else
        {
            line++;
            if(search(ch, buffer))          /* 在字符串中查找指定字符 */
            {
            /*输出行号和所包含字符数*/
            printf("File Line %d: %d characters.\n", line, nNum);
            printf("%s\n\n", buffer);       /* 输出所读取的文件行字符串 */
            fputs(buffer, fpSave);/*把所读取的文件行字符串写入到另存为的文件*/
            fputc('\n', fpSave);            /* 只能够输出换行符到另存为的文件中 */
            }
        }
    }
    printf("File savaas Successfully!\n");
    fclose(fpSearch);                       /* 关闭文件 */
    fclose(fpSave);
    return 0;
}
```

（4）编程统计一个文本文件中所包含的字母、数字和其他字符的个数。

① 算法设计如图 9-6 所示。

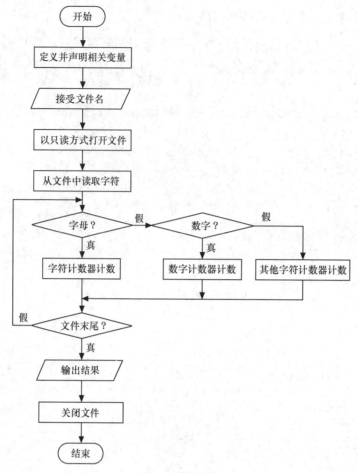

图 9-6　数据统计

② 根据图 9-6 实现的程序代码如下：

```c
#include <stdio.h>
#include <stdlib.h>
int main(void)
{
    FILE *fp;
    char ch, filename[50];
    int nCharNum=0, nDigitalNum=0, nOtherNum=0;
    printf("Please input the filename:\n");
    gets(filename);                                        /* 输入文件名 */
    fp = fopen(filename, "r");
    if (NULL== fp)
    {
        printf("Open the file error\n");
        exit(-1);
    }
    do
    {
        ch = fgetc(fp);                                    /* 读取文件中字符 */
        if((ch >= 'a' && ch <= 'z')||(ch >= 'A' && ch <= 'Z'))  /* 字母 */
            nCharNum++;
```

```
            else if((ch >= '0' && ch <= '9'))                      /* 数字 */
                nDigitalNum++;
            else                                                   /* 其他字符 */
                nOtherNum++;
        }while(!feof(fp));
        printf("-------------------------------------\n");         /* 输出结果 */
        printf("Character static in file %s:\n", filename);
        printf("Characters: %d\n", nCharNum);
        printf("Digitals: %d\n", nDigitalNum);
        printf("Other: %d\n", nOtherNum);
        fclose(fp);                                                /* 关闭文件 */
        return 0;
}
```

（5）计算并输出用文件表示的每个家庭所有成员的平均年龄。

① 实现读取文件中一行字符的功能的算法设计如图 9-7 所示。

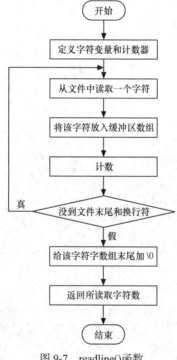

图 9-7　readline()函数

② 根据图 9-7 实现的程序代码如下：

```
#include <stdio.h>
#include <stdlib.h>
#include <math.h>
int readLine(FILE *fp, char *buffer)
{
    char character;
    int i=0;
    do
    {
        character = fgetc(fp);                      /* 从文件中读取单个字符 */
        buffer[i]=character;                        /* 字符存放到缓冲区中 */
```

```
        ++i;                                        /* 计数 */
    }while (character!='\n'&& !feof(fp));           /* 遇到换行符或文件结束符停止循环 */
    buffer[i-1]='\0';                               /* 给 buffer 添加空字符构成字符串 */
    return (i-1);                                   /* 返回所读取的字符数 */
}
```

③ 实现数字字符串转成数值的算法设计如图 9-8 所示。

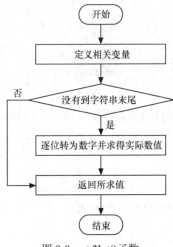

图 9-8　str2Int()函数

④ 根据图 9-8 实现的程序代码如下：

```
int str2int(int len, char *str)
{
    int i, num=0;
    for(i=0; i<len; i++)
        num += (*(str+i) - '0')*(int)pow(10, len-i-1);
    return num;
}
```

⑤ 实现求平均值的算法设计如图 9-9 所示。
⑥ 根据图 9-9 实现的程序代码如下：

```
float average(char *buffer)
{
    int i=0, j;
    int sum=0, num=0;
    char tmp[10];
    float result = 0.0;
    while(1)                              /* 依据空格字符把字符串分割成只包含数字的子串 */
    {
        j=0;
        do
        {
            tmp[j] = *(buffer+i);
            j++;
            i++;
        }while(' '!=*(buffer+i) && '\0' != *(buffer+i));
        tmp[j]='\0';
        num++;                                  /* 统计家庭成员数 */
        sum += str2int(j, tmp);            /* 把数字字串转换成整数并进行年龄值累加 */
```

```
            if('\0' == *(buffer+i))          /* 遇空字符停止循环 */
                    break;
            i++;
    }
    result = (float)sum/num;            /* 计算平均年龄值 */
    printf("Number of family member: %d\tSum of age: %d\n", num, sum);
    return result;
}
```

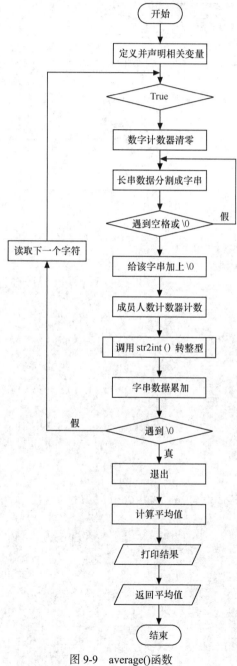

图 9-9　average()函数

⑦ 主程序的算法设计如图 9-10 所示。

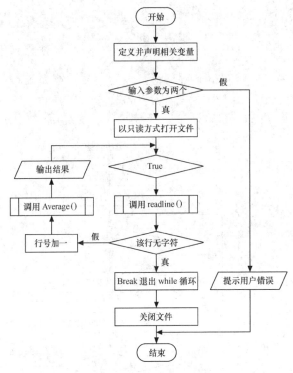

图 9-10   main()函数体

⑧ 根据图 9-10 实现的程序代码如下：

```
int main(int argc, char *argv[])              /* 通过命令行参数获取文件名 */
{
    FILE *fp;
    char buffer[100];
    int nNum=0, line=0;
    if(argc != 2)                             /* 判断命令行参数输入是否正确 */
    {
        printf("Please use this program like:\n");
        printf("Average FileName\n");
        exit(-1);
    }
    fp = fopen(argv[1], "r");
    if (NULL== fp)
    {
        printf("Open the age file error\n");
        exit(-1);
    }
    while(1)
    {
        nNum = readLine(fp, buffer);          /* 读取文件内的一行字符 */
        if(0 == nNum)       /* 若所读取的字符数为 0，则说明已无文件行可读，停止循环 */
            break;
        else
        {
            line++;                           /* 行号 */
            printf("File Line %d: %s\n", line, buffer);/* 输出行号和文件当前行
                                                字符串 */
```

```
                        printf("The average age of this family is %.2f\n", average(buffer));
                        printf("------------------------------------------\n");
                }
        }
        fclose(fp);                                    /* 关闭文件 */
        return 0;
}
```

5. 改错题

（1）答：

① int *fp;→FILE *fp;

② fopen("file");→fopen("file", "w+");

③ fputs(fp, "Beijing 2008");→fputs("Beijing 2008", fp);

④ fclose("file");→fclose(fp);

提示：注意各函数的参数格式和形式。

（2）答：在 fwrite 语句后插入语句 fseek(fp, 0L, SEEK_CUR);

提示：读写操作之前一定要先对位置指针进行调整。

9.3　实验问题解答

1. 对 fopen()函数的第一个参数的几点说明。

答：（1）第一个参数是表示文件路径的文件名。绝对路径中 c:\zwg\zwg.txt，在 fopen 中引用时改为 c:\\zwg\\zwg.txt，其中"\\"表示转义字符"\"。

（2）文件名可用变量表示，例如：char fName[]="zwg.txt"; File *fp=fopen(fName, "r+");等价于 File *fp=fopen("zwg.txt", "r+")。

（3）扩展名不同，所指代的文件类型也不一样。

2. 对 fopen()函数 mode 字符串参数对应的文件打开方式的几点说明。

答：（1）"r"是只读方式打开，要求文件已存在，用于读取数据操作。例如 fgetc()，fgets()，fscanf()，fread()等。

（2）"r+"在"r"基本要求上增加了写数据的功能。

（3）"w"是只写方式打开，若不存在则直接创建空白文档；若文件存在则会先完全清空，用于写入数据操作。例如 fputc()，fputs()，fprintf()，fwrite()等。

（4）"w+"在"w"基本要求上增加了读数据的功能。

（5）"a"是追加数据方式打开，在"r"基本要求上增加了在文件末尾添加数据，而不破坏原有数据的功能。

（6）"a+"是读写追加数据方式打开，在"a"基本要求上增加了"w"的文件不存在则自动创建文档的功能。

总的来说，这几种情况中"a+"的适用性最强，使用最为广泛。

3. 目前接触了哪些需要成对出现的函数？

答：（1）fopen()和 fclose()，malloc()和 free()是成对出现的。

（2）为避免这类问题，建议大家在哪里打开文件，就在其后及时关闭；在哪里动态申请，就在哪里释放，想象成左花括符'{'和右花括符'}'的关系。

4. 文件读写操作要注意的事项是什么？

答：（1）在读/写操作时，写操作后不可紧跟着出现读操作；同样，读操作后也不可紧跟着出现写操作，否则会出现读/写失败。较常见的是用函数 fseek()及时调整读/写指针的位置才能正确进行操作。此外在读数据之前一定要确保文件里有数据可读。

（2）文件的打开方式要符合条件。读数据操作要求文件是以读或读/写方式打开的；写数据操作要求文件是以写或读/写或追加数据的方式打开的。

（3）对文件的读/写操作都是在读/写指针所指向的位置进行的，可用 fseek()函数来调整读/写指针在文件中的位置，以实现随机访问。

（4）用函数的返回值和测试函数来实现对读/写操作是否成功执行的判断，以免后续操作受到影响。

5. feof()的功能是什么？怎么测试遇到文件末尾？

答：（1）feof()是用来测试文件结束的标识的，也就是测试文件内部读/写位置指针是否指向文件末尾。

（2）在二进制文件中只能用 feof()来判断是否遇到文件尾，而不能直接用 EOF 来判断；在文本文件中则可以用读入的字符是否是 EOF 来判断是否遇到文件尾。

（3）feof()一般调用的形式为

```
if(!feof(fp))      /*如果没遇到文件尾则执行操作*/
{   …              /*文件读写操作代码*/        }
```

（4）feof()也常用在循环判断中，如将上述的 if 换成 while，则表示没有遇到文件末尾则循环执行相应的读写操作。

6. fgets()和 fread()读取数据的异同是什么？

答：（1）当读取字符串时，两者读取的字符串长度是不同的。fgets(str,n,fp)是从文件流中顺序读入 n−1 个字符，并在其后自动加'\0'，构成长度为 n−1 的字符串，并将读写位置指针后移 n−1 个字节；而 fread(buffer,sizeof(char),n,fp)是以整块形式读入 n 个字符的数据项，存放到 buffer 所指向的内存块中，并将位置指针后移 n*sizeof(char)个字节。实际读入的有 n 个字符，且不自动加'\0'。

（2）适用范围不同。fgets()只能读取字符串，通常用于文本文件操作，而 fread()能读各种类型的数据，一般和 fwrite()一起用于二进制文件操作。

（3）返回值不同。fgets()调用成功返回的是字符指针，失败返回 NULL，而 fread()返回的是实际成功读出的数据项个数。

（4）调用成功的测试方法不同。fgets()是直接通过返回值判断的，而 fread()是借助 feof()和 ferror()来判断是否遇到文件末尾或执行出错。

7. fseek()中的偏移量和 fread()、fwrite()中数据项含义是一样的吗？

答：不一样。偏移量是相对参考点偏移的字节数，而数据项则是相对参考点偏移的同一数据类型的数据个数，即 sizeof（数据类型所占字节数）*数据项=偏移量。

8. 用 ftell()函数能正确测出文本文件的长度吗？

答：能。ftell()成功执行则返回当前位置距离文件头的偏移量（字节数），其中包含一行中的空格等，一般用于计算二进制文件的大小。因为二进制文件形式与内存存放形式完全一致，中间无须进行字符转换，而文本文件存放的是对应字符的 ASCII 码，要进行字符转换，所以二进制文件反映的是真实的内存情况，故用 ftell()能通过内存占用的情况来直接测出文件长度。

C 语言程序设计模拟试题一

试卷

题号	一	二	三	四	五	六	总分
分数							

试卷说明:

1. 答题时禁止拆开试卷钉,试卷背面即为草稿纸;

2. 答题时间 120 分钟。

一、单项选择题。请把答案填入下面框中,答在其他处无效。(本题 20 分,每小题 2 分)

题号	1	2	3	4	5	6	7	8	9	10
答案										

1. 若 "int a=3, b=4; float c; c=a/b;",则 c 的值是(　　　)。

　　A)0　　　　　　　　B)0.75　　　　　　　C)1　　　　　　　D)未知

2. 在 while(!x)语句中的 x 与下面条件表达式等价的是(　　　)。

　　A)x !=0　　　　　　B)x ==1　　　　　　C)x !=1　　　　　　D)x ==0

3. 下列变量命名正确是(　　　)。

　　A)int return;　　　B)int 2nA;　　　　　C)int _nB;　　　　　D)int @nB;

4. 若有定义 "int (*name)[4];",则标识符 name 是一个(　　　)。

　　A)整型变量的指针变量

　　B)指向函数的指针变量

　　C)指向有四个整数元素的一维数组的指针变量

　　D)指针数组名,有四个元素,每个元素均为一个指向整型变量的指针

5. 以下对一维数组 a 初始化的语句不正确的是(　　　)。

　　A)char a[3]= "0";　　　　　　　　　B)char a[3]=0;

　　C)char a[]={"abc"};　　　　　　　　D)char a[3]={'a', 'b', 'c'};

6. 已知 "int a;double b;char c;" 所用的 scanf 调用语句格式为 "scanf("%d%c%lf",&a,&c,&b);",当输入 24bb6.25 时,a, b, c 当中的值为(　　　)。

　　A)24, 0, b　　　　B)24, 6.25, b　　　　C)24, 6.25, bb　　　　D)6.25, 24, b

7. 以下程序的运行结果是（   ）。

```
#include <stdio.h>
void main()
{  int i=3, sum=0;
   while(i--)
        sum+=i;
   printf("sum=%d\n",sum);
}
```

A）3 　　　　　　B）4 　　　　　　C）5 　　　　　　D）6

8. C语言规定，函数返回值的类型由（   ）所决定。

A）return 语句中的表达式类型

B）调用该函数时的主调函数类型

C）调用该函数时的形参类型

D）在定义该函数时所指定的函数类型

9. 以下程序的输出结果是（   ）。

```
#include <stdio.h>
void main()
{  char ch[5]={"AAAA"};
   printf("%d;%d\n", strlen(ch), sizeof(ch));
}
```

A）3;5 　　　　　B）4;6 　　　　　C）3;3 　　　　　D）4;5

10. 有如下结构体：

```
struct stud{
        char name[10];
        int age;
        float score;
     }su;
```

则给变量 su 赋值正确的语句是（   ）。

A）su.name="张三丰",　su.age=18,　su.score=69.5;

B）su.name={"张三"},　su.age=19,　su.score=69.5;

C）strcpy(su.name, "张三"),　su.age=18,　su.score=69;

D）strcpy(su.name, '张三'),　su.age=18,　su.score=69;

二、填空题。请按序号把答案填入下面框中，答在其他处无效。（本题 20 分，每空 2 分）

题号	答案	题号	答案
【1】		【6】	
【2】		【7】	
【3】		【8】	
【4】		【9】	
【5】		【10】	

1. 从键盘任意输入一个整数，判断其是否是素数。

```
#include <stdio.h>
void main( ){
```

```
    int a;
    int i;
    scanf("%d",&a);
    if( 【1】 )
        printf("%d 不是素数\n", a);
    else if(a==2)  printf("%d 是素数\n", a);
    else {
      for(i=2;i< 【2】 ; i++)
        if( 【3】 ==0)
        {printf("%d 不是素数! ", a); break;}
      if(i == 【4】 )
        printf("%d 是素数! ", a);
    }
}
```

2. 以下程序利用一维指针变量，输出二维数组 a 中的各元素及其地址。

```
#include <stdio.h>
void main(){
  int a[3][4]={{1,3,5,7},{9,11,13,15},{17,19,21,23}},*p, i, j;
        【5】       ;
      for(i=0; i< 【6】 ; p++,i++) {
        for(j=0; j< 【7】 ; j++)
              printf("%5d %8p ", 【8】 , 【9】 );
        if(j%4==0)  printf("\n");     }
}
```

3. 下列程序运行的结果是 ___【10】___ 。

```
#include <stdio.h>
void main()
{   enum weekday{ sun, mon= -1, tue, wed, thu, fri, sat }a,b,c;
    a=sun;        b=tue;        c=sat;
    printf("%d\t%d\t%d\t", a,b,c);
}
```

三、请把下列程序运行结果填入答案框中，答在其他处无效，用"□"表示空格，用"↙"表示回车。（本题 20 分，每小题 2 分）

题号	答案	题号	答案
1		6	
2		7	
3		8	
4		9	
5		10	

1.

```
#include <stdio.h>
void main() {
int y=10;
```

```
do{
    y--;
}while(y);
printf("%d\n",y);
}
```

2.
```
#include <stdio.h>
void main()
{   int arr[3][3]={1,2,3,4,5,6,7,8,9},i, j ,sum=0;
    for(i=0;i<3;i++)
        sum+=arr[i][i];
    printf("%d\n", sum);
}
```

3.
```
#include<stdio.h>
main(){
    int n='c';
    switch(++n) {
        case 'c':
        case 'C':printf("及格");
        case 'd':
        case 'D':printf("不及格");
        case 'b':
        case 'B':printf("良好");break;
        default: printf("error");break;
    }
}
```

4.
```
#include<stdio.h>
main()
{
    int arr[ ]={30,25,20,15,10,18}, *p=arr;
    p++;
    printf("%d\n",*(p+2));
}
```

5.
```
#include <stdio.h>
void main()
{
    union example
    {   char nA;
        int nB;
    }e;
    e.nA='a';
    e.nB=2;
    e.nB=e.nA+e.nB;
    printf("%d",e.nB);
}
```

6.
```
#include <stdio.h>
#define SQ(s) s*s
```

```
void main()
{
    int i=2;
    while(i<=5)
       printf("%5d", SQ(i++));
}
```
7.
```
#include <stdio.h>
int f(int a)
{
  int b=1;
  static int c=2;
  c+=1;
  return a+b+c;
}
void main()
{
    int x=2;
    printf("%d\n",f(x));
    printf("%d\n",f(x));
}
```
8.
```
#include <stdio.h>
int f(char *s)
{
    char *p=s;
    while(*p!='\0') p++;
    return (p-s);
}
void main()
{
    printf("%d\n",f("good!"));
}
```
9.
```
#include <stdio.h>
void swap( int *r,int *s ) {
    int t;   t=*r;   *r=*s;    *s=t;
}
main(){
   int a=6,b=7;
   swap( &a,&b);
   printf("%d,%d\n",a,b);
}
```
10.
```
#include<stdio.h>
int M(int x, int y, int z)
{   int p;
    p=x*y+z;
    return(p);
}

void main()
{   int a=1,b=2,c=3;
    printf("%d\n", M(a+b,b+c,c+a));
}
```

四、以下程序的功能是完成矩阵 A 的转置并输入该矩阵。请指出下列程序的错误，并予以更正，请把答案填入下面框中，答在其他处无效。（本题 5 分）

注意：不得增行或删行，不得更改程序结构。

错误行号	原代码	纠正答案

```
1    #include <stdio.h>
2    void input(int a[ ][3])
3    {   int i,j;
4        for(i=0;i<3;i++)
5            for(j=0;j<3;j++)
6                scanf("%d",a[i][j]);
7    }
8    void change(int a[][])
9    {   int i,j,temp;
10       for(i=0;i<3;i++)
11           for(j=0;j<i;j++)
12           {   temp=a[i][j];
13               a[i][j]=a[j][i];
14               a[j][i]=temp;     }
15   }
16   main()
17   {   int i,j, temp;
18       int a[3][3];
19       input(a[3][3]);
20       change(a[3][3]);
21       for(i=0;i<3;i++)
22       {   for(j=0;j<3;j++)
23               printf("%3d",&a[i][j]);
24           printf("\n\n");
25   }
```

五、编程题（本题 20 分）

1. 完成下列程序，求解等差数列的和。（本小题 10 分）

求和表达式为：$S=1+3+5+\cdots+2*n+1$，n 由键盘输入。

```
#include <stdio.h>
void main()
{   int  nSum=0;              //和
    int n;                    //键盘输入的运算上界
    int i;                    //循环控制变量
    printf("%d\n",nSum);
}
```

2. 按下列公式求解 Fibonacci 级数。（本小题 10 分）

$$f(n)=\begin{cases}1 & n=1,2 \\ f(n-1)+f(n-2) & n>2\end{cases}$$

六、综合应用题（本题 15 分）

编写一段可完成 N 个学生姓名的输入、输出及排序功能。

要求：（1）必须按照下列规划进行程序设计和编写。

　　　（2）排序按字母升序排列，用冒泡排序或选择排序均可。

　　　（3）代码 3 分，流程图 2 分。

输入函数

代码	流程图

输出函数

代码	流程图

排序函数

代码	流程图

```
#include <stdio.h>
#include <string.h>
#define N 30
void main()
{
    char cName[N][12];
    void output(char cName[N][12]);
    void input(char cName[N][12]);
    void sort(char cName[N][12]);
    input(cName);
    output(cName);
    sort(cName);
    output(cName);
}
```

试题一答案与分析

一、单项选择题

1. 答：A。

提示：a=3，b=4 均为整数，相除后取整为 0，强制转换为单精度浮点数赋给 c。

2. 答：D。

提示：当 x=0 时，求反为真，即!x=1，此时循环才能被执行。因此，其等价的表达式为 x==0。

3. 答：C。

提示：变量是标识符的一种，需符合标识符的命名规则，第一个字符必须是字母或下划线，其余字符可以是字母、数字或下划线，A）选项中 return 是关键字，不能用作变量名。

4. 答：C。

提示："()"的优先级与"[]"的优先级相同，按从左到右的次序计算，使得 name 与"*"先结合，表示一个指针，其后[4]为一维数组，含有 4 个元素。name 是一个行指针，指向了含有 4 个元素的一维数组。

5. 答：B。

提示：数组 a 可以表示字符串或字符数组。表示字符串时，A）和 C）的赋值方式是正确的；表示字符数组时，D）是正确的。尽管 a 当中的元素可以用 ASCII 表示，但是 B）赋值方式不对，应该用 D）方法进行，只要把字符表示为 ASCII 值即可。

6. 答：A。

提示：C 语言中规定遇到非法输入时结束，a 为整数 24 是正确的输入，但是'b'对于 a 来说是非法的，所以结束输入。对于字符变量 c，字母'b'是合法的，但 c 只能读入一个字符，因而输入结束。同样，对于双精度变量 b，字母'b'也是非法的，因此 b 没有读入任何数据，系统给它默认值 0。

7. 答：A。

提示：i-为先用 i 的值，再减 1，因此，可以一直加到 i=0 为止。

8. 答：D。

9. 答：D。

提示：使用 strlen 计算字符串长度时，'\0'不被计算在内。sizeof 计算的是数组的长度。

10. 答：C。

提示：变量 su 的成员变量 name 是字符数组，可以按字符串方式赋值，使用 strcpy，而不能用赋值符号"="。

二、填空题

1. 答：a<2。

2. 答：a，穷举测试，检查每一个小于 a 的数。

3. 答：a%i，当 i 为 a 的因子，说明 a 有不为 1 和其本身的因子，不是素数。

4. 答：a，当 i=a 时，说明所有小于 a 的数全部测试完毕，没有符合条件的因子，a 是素数。

5. 答：p=a[0]或者 p=&a[0][0]，概念上要有对等关系。

6. 答：3，按数组的行来设计。

7. 答：4，按数组的列来设计。

8. 答：*(p+i*3+j)。

9. 答：*(p+i)+j。

10. 答：0 0 4，枚举类型的值是依次递增的，且如果定义时没有人为指定，则第一个枚举元素的值认作 0。

三、读程题

1. 答：0。

提示：y 为 0 时退出循环。

2. 答：15。

提示：对角线相加。

3. 答：不及格良好。

提示：没有加 break，又因为++n，所以从 case 'd'进入后，直到 case 'B':printf('良好')。

4. 答：15。

提示：执行 p++之后 p 指向 arr[1]，(p+2)指向 arr[3]，*(p+2)取 arr[3]当中的值。

5. 答：4。

提示：共用体最后一次的赋值是有效的。

6. 答：4 16。

提示：用宏定义表达式取代宏定义，即 while(i<=5) printf("%5d",i++*i++)。先使用 i 的值 2*2=4，再连加两次 i=4，同样方式可得 16，i=6，退出循环。当然，不同的编译器可能会有不同的结果，因此，它的值也可能是 6，20。

7. 答：6 7。

提示：参数 x=2，f 的成员变量 b=1，在每次进行的函数调用时，都重新初始化成原值，即 x=2，b=1，只有静态变量 c 是在原值的基础上不断增加。

8. 答：5。

提示：计算除'\0'外的输入字符串的长度。

9. 答：7，6。

提示：通过指针共享存储单元，所以，值的改变是双向的。

10. 答：19。

提示：尽管实参为变量表达式，但必须先计算表达式的值，再赋值给形参，经过函数 M 计算后返回结果 19。

四、改错题

（1）第 6 行把 "scanf("%d",a[i][j]);" 改为 "scanf("%d",&a[i][j]);"。

（2）第 8 行把 void change(int a[][])改为 void change(int a[][3])。

（3）第 19 行把 "input(a[3][3]);" 改为 "input(a);"。

（4）第 20 行把 "change(a[3][3]);" 改为 "change(a);"。

（5）第 23 行把 "printf("%3d",&a[i][j]);" 改为 "printf("%3d",a[i][j]);"。

五、编程题

1.

```c
#include <stdio.h>
void main()
{   int  nSum=0;        //和
    int n;               //键盘输入的运算上界
    int i;               //循环控制变量
    scanf("%d",&n);
    for(i=1; i<=2*n+1; i+=2)
        nSum += i;
    printf("%d\n",nSum);
}
```

2.

```c
#include <stdio.h>
void main()
{
    int a=1, b=1, i,n,p;
    scanf("%d",&n);
    printf("%d",a);
    if(n==1)return;
    printf("%5d",b);
    if(n==2)return;
    for( i=2; i<n; i++)
    {   p=b;
        b=a+b;
        printf("%5d", b);
        a=p;
    }
}
```

六、综合应用题

输入函数

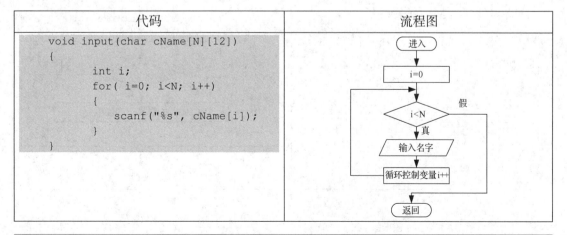

代码	流程图

``c
void input(char cName[N][12])
{
    int i;
    for(i=0; i<N; i++)
    {
        scanf("%s", cName[i]);
    }
}
``	

输出函数

代码	流程图
| ```c
void output(char cName[N][12])
{
    int i;
    for( i=0; i<N; i++)
    {
        printf("%s", cName[i]);
    }
    printf("\n");
}
``` | 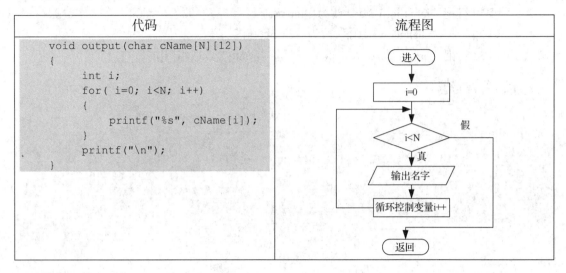 |

排序函数

代码	流程图
| ```c
void sort(char cName[N][12])
{
  int i, j, k;
  char Tmp[12];
  for( i = 0; i< N; i++)
  {
    k = i;
    for( j = k+1; j<N; j++)
    if(strcmp(cName[k], cName[j])>0)
        k = j;
    if ( k != i )
    {
        strcpy(Tmp, cName[k]);
        strcpy(cName[k], cName[i]);
        strcpy(cName[i], Tmp);
    }
  }
}
``` | 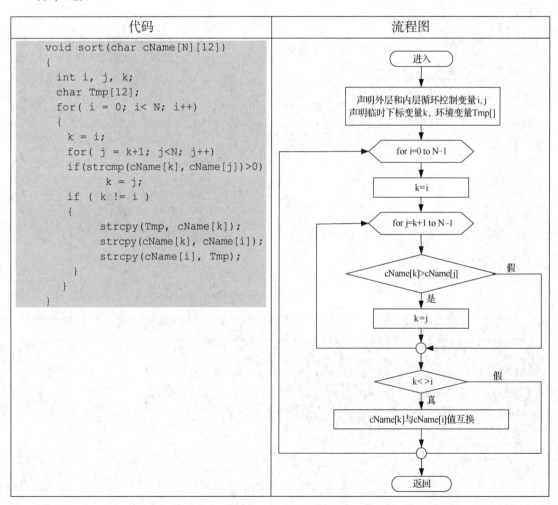 |

C 语言程序设计模拟试题二

试卷

题号	一	二	三	四	五	六	总分
分数							

试卷说明:

1. 答题时禁止拆开试卷钉，试卷背面即为草稿纸；

2. 答题时间 120 分钟。

一、单项选择题。请把答案填入下面框中，答在其他处无效。（本题 20 分，每小题 2 分）

题号	1	2	3	4	5	6	7	8	9	10
答案										

1. 为保证整型变量在未赋值的情况下初值为 0，应选择的存储类别是（   ）。

   A）register   B）static   C）auto   D）auto 或 register

2. 定义语句：double a,b,*pa,*pb,执行了 pa=&a, pb=&b;之后，下述语句表述准确的是（   ）。

   A）scanf("%lf%lf", pa,pb);   B）scanf("%d%d",a,b);

   C）scanf("%f%f",&pa,&pb);   D）scanf("%f%f",&a,&b);

3. 有以下定义及语句，则对数组 a 元素引用不正确的表达式是（   ）。

```
int a[3][10],*p[3], (*q)[10], i;
q=a;p[0]=a[0];
```

   A）q[0][1]   B）p[0][0]   C）*(*(a+1)+2)   D）*(a+4)[5]

4. 定义语句 "int a=3;"，则表达式 a*=a-=a+a 的值为（   ）。

   A）3   B）6   C）9   D）0

5. 以下对 C 语言函数的描述中，不正确的是（   ）。

   A）函数不可以嵌套定义   B）程序由函数组成

   C）函数可以没有返回值   D）main 函数的位置必须在最开始

6. 为表示关系 0<x<100，应使用 C 语言表达式是（   ）。

   A）0<x<100   B）（x>0）&&（x<100）

   C）（x>0）||（x<100）   D）（x>0）AND（x<100）

7. 定义 "char x[ ]="abc",y[ ]={'a','b','c'};"，正确的叙述是（   ）。

A）数组 x 和 y 长度相同　　　　　　　B）数组 x 的长度大于数组 y 的长度

C）数组 x 的长度小于数组 y 的长度　　D）数组 x 和 y 等价

8. 关于 typedef 叙述错误的是（　　　）。

A）用 typedef 可以给类型起一个新名　　B）typedef 可以增加新类型

C）用 typedef 可以增加程序可读性　　　D）typedef 不可以为变量起新名

9. 调用函数时，当实参和形参都是简单变量时，它们之间数据传递的过程是（　　　）。

A）实参将其地址传递给形参，并释放原先占用的存储单元

B）实参将其地址传递给形参，调用结束时形参再将其地址回传给实参

C）实参将其值传递给形参，调用结束时形参并不将其值回传给实参

D）实参将其值传递给形参，调用结束时形参再将其值回传给实参

10. 不能正确表示代数式(5xy) /(mn)的 C 语言表达式是（　　　）。

A）5*x*y/m*n　　　B）x/m/n*y*5　　　C）x*y/m/n*5　　　　D）5*x*y/m/n

二、填空题。请按序号把答案填入下面框中，答在其他处无效。（本题 20 分，每空 2 分）

题号	答案
【1】	
【2】	
【3】	
【4】	
【5】	
【6】	
【7】	
【8】	
【9】	
【10】	

1. 编写 swap 函数，实现交换两个数。

```
#include <stdio.h>
 【1】 swap(int *a,int *b)
{ int t;
    t=*a;
    【2】;
    【3】;
}
void main( ){
    int x=5, y=7, *p, *q;
    【4】;
    【5】;
    swap(p,q);
    printf("%d, %d\n",*p,*q);
}
```

2. 以下程序从键盘接受字符串，将字符串中的小写字母转为大写字母，大写字母转为小写字母，将转变后的字符串输出。

```
void main()
```

```
{
    char  s[20];
    int i;
    printf("input string:");
    for(i= 【6】 ;(s[i]=getchar())!='\n';i++);
    s[i]= 【7】 ;
    printf("\n output string:");
    for(i=0;s[i]!='\0';i++)
    {
        if(s[i]>='a'&& s[i]<='z')
            s[i]= 【8】 ;
        else if(s[i]>='A'&& s[i]<='Z')
            s[i]= 【9】 ;
        printf(" 【10】 ",s[i]);
    }
}
```

三、请把下列程序运行结果填入答案框中，答在其他处无效，用"□"表示空格，用"∠"表示回车。(本题 20 分，每小题 2 分)

题号	1	2	3	4	5	6	7	8	9	10
答案										

1.
```
#include <stdio.h>
void main()
{   int a=1,b=3,c=5;
    if(c=a)
        printf("%d\n",c);
    else
        printf("%d\n", b);
}
```

2.
```
#include <stdio.h>
void main()
{   int a=3;
    do{
        a=a*a;
    }while(!a);
    printf("a=%d\n",a);
}
```

3.
```
#include <stdio.h>
#define M(x,y)  x*y
void main()
{
    int a=1,b=2,c=3;
    printf("%d\n",M(a+b,b+c));
}
```

4.
```
#include <stdio.h>
```

```
int fib(int n)
{   if(n>2)
        return(fib(n-1)+fib(n-2));
    else
        return(2);
}
void main()
{  printf("%d\n",fib(4));}
```

5.
```
#include <stdio.h>
void main()
{   int i, a[]={1,2,3,4,5,6,7,8},*p=a+4;
    for(i=3; i;i--)
    {
      switch(i)
      {
          case 1:
          case 2: printf("%d",*p++); break;
          case 3: printf("%d",*(--p));
      }
    }
}
```

6.
```
#include <stdio.h>
void main()
{  int a,b,c=358;
   a=c/100%9;
   b=(-1)&&(+1);
   printf("%d,%d\n",a,b);
}
```

7.
```
#include <stdio.h>
union example
{ int a;
  int b;
  struct {int x; int y;} c;
}e;
void main()
{  e.a=3;
   e.b=2;
   e.c.x=e.a+e.b;
   e.c.y=e.a*e.b;
   printf("%d,%d\n",e.c.x,e.c.y);
}
```

8.
```
#include <stdio.h>
int f(int a)
{
   int b=0;
   static int  c=1;
   b++ ;  c++;
   return (a+b+c);
}
void main()
```

```
{  int a=2,i;
   for(i=0;i<2;i++)
     printf("%d",f(a));
}
```

9.
```
#include <stdio.h>
void main()
{  int a=1,b;
   for(b=1;b<=10;b++)
   {  if(a>=8)
         break;
      if(a%2==1)
      {a+=5;continue;}
      a-=3;
   }
   printf("%d\n",b);
}
```

10.
```
#include <stdio.h>
void main()
{   int a=37,b=1;
   if (a%3==0 &&a%7==0)
   {
      b-=a;
      printf("%d",b);
   }else{
      b=a;
      printf("%d",b);
   }
}
```

四、以下程序的功能是求 20 以内任意数的阶乘运算。请指出下列程序的错误，并予以更正，请把答案填入下面框中，答在其他处无效。（本题 5 分）

注意：不得增行或删行，不得更改程序结构。

错误行号	原代码	纠正答案

```
1   #include <stdio.h>
2   void fac(int n)
3   {   double result = 0;
4      if(n==0)
5         return 1.0;
6         while(n>1&&n<=20)
7         result *= --n;
```

```
8        return result;
9  }
10 void main()
11 {   int n;
12     printf("input n:\n");
13     scanf("%d\n",&n);
14     printf("%d! = %d\n",n,fac(n));
15 }
```

五、编程题（本题 20 分）

1. 设计函数 gcd(int m,int n)（本小题 10 分）。

函数 gcd 的功能用于求两个正整数的最大公约数。m,n 由键盘输入。

2. 编写一个 3*4 的矩阵，找出每行最小元素并与第一列元素交换，数组元素由键盘输入（本小题 10 分）。

六、综合应用题（本题 15 分）

利用结构体类型编制一个程序，实现输入 30 个学生的学号及数学、语文、英语成绩，然后计算每位学生的总成绩以及平均成绩，并按总分由大到小输出成绩表（对于每个函数：代码 3 分，流程图 2 分）。

要求：

建立 3 个函数 input()、sort()、output()，其中 input 函数负责键盘输入 30 个学生信息；sort 函数负责计算总成绩平均成绩并按总分升序排列；output 函数输出 30 个学生信息。

input 函数

代码	流程图

output 函数

代码	流程图

sort 函数

代码	流程图

```
#include <stdio.h>
#define N 30
struct student{
 char num[10];
 float math;
 float chinese;
 float english;
 float total;
 double average;
};
void main( )
{    struct student stud[N];
     input(stud,N);
     sort(stud,N);
     output(stud,N);
}
```

试题二答案与分析

一、单项选择题

1. 答：B。

2. 答：A。

3. 答：D。

提示： D 的数组下标越界。

4. 答：C。

提示： 第一步执行 a-=a+a 得到 a=-3，第二步执行 a*=a 得到 a=9。

5. 答：D。

6. 答：B。

7. 答：B。

提示： x 的长度为 4，除了字符'abc'外，还有'\0'，y 的长度为 3。

8. 答：B。

提示： typedef 为 C 语言的关键字，作用是为一种数据类型定义一个新名字。这里的数据类型包括内部数据类型（int,char 等）和自定义的数据类型（struct 等）。

9. 答：C。

10. 答：A。

二、填空题

1. 答：void。

2. 答：*a=*b。

3. 答：*b=t。

4. 答：p=&x。

5. 答：q=&y。

6. 答：0。

7. 答：'\0'。

8. 答：s[i]−32。

提示： 小写字母的 ASCII 码比大写字母的 ASCII 码大 32。

9. 答：s[i]+32。

10. 答：%c。

三、读程题

1. 答：1。

提示：if(c=a)中的条件是赋值语句，因为 a 不为 0，所以，条件为真且 c 的值被改变为 1。

2. 答：a=9。

提示：循环只执行了一遍，因为 a=9 不为 0，求反后为 0，从而结束循环。

3. 答：8。

提示：printf 里的 M(a+b,b+c)宏定义，执行时，要先做替换，即有 printf("%d\n", a+b*b+c);。

4. 答：6。

提示：递归调用，注意递归结束的条件，凡是 n 小于 2 都返回值 2。

5. 答：445。

提示：*p=a+4 使得 p 指向 a[4]，i 从 3 开始取，打印时首先执行-p，使得 p 指向 a[3]，打印 4；然后 i=2，先打印*p，仍然为 a[3]，输出之后 p++；最后，i=1 时因为没有 break，仍然会到达 case2，此时 p 指向 a[4]，因此打印 5。

6. 答：3,1。

提示：c 整除 100 得 3，取余于 9 为 3，而-1 与+1 均不为 0，关系与后为真，即为 1。

7. 答：4,16。

提示：a,b 与结构体变量 c 共享同一块内存空间，因此，当 e.b=2 时，e.a=2。同理有 e.c.x=e.a+e.b=2+2=4，这时，e.a=e.b=4，所以有 e.c.y=e.a*e.b=4*4=16。注意，此时结构体内部的成员 x 与 y 并没有共享空间，而是各自独立的。

8. 答：56。

提示：静态变量 c 从第一次声明后，长驻内存，每次函数调用后，都会在上次计算值基础上进行运算。非静态变量则随着函数调用的结束而结束生命，下次调用将重新开始。

9. 答：4。

10. 答：37。

四、改错题

（1）第 2 行把 void fac(int n)改为 double fac(int n)。

（2）第 3 行把 double result = 0;改为 double result = n;。

（3）第 4 行把 if(n=0)改为 if(n==0)。

（4）第 13 行把 scanf("%d\n",&n);改为 scanf("%d",&n);。

（5）第 14 行把 printf("%d! = %d\n",n,fac(n));改为 printf("%d! = %lf\n",n,fac(n));。

五、编程题

1.

```
#include"stdio.h"
int gcd(int m, int n) {
    int a;
    while (n > 0) {
        a = m%n;
        m = n;
        n = a;
    }
```

```
        return m;
    }

    void main() {
        int m, n;
        printf("请输入 m n:");
        scanf("%d%d", &m, &n);
        printf("最大公约数：%d\n", gcd(m, n));
    }
```

2.

```
#include"stdio.h"

void main() {
    int a[3][4],i,j;
    for (i = 0; i < 3; i++) {
        for (j = 0; j < 4; j++) {
            scanf("%d", &a[i][j]);
        }
    }
    for (i = 0; i < 3; i++) {
        int MIN=a[i][0],flag=0,temp;
        for (j = 0; j < 4; j++) {
            if (a[i][j] < MIN) {
                flag = j;
                MIN = a[i][j];
            }
        }
        temp = a[i][0];
        a[i][0] = a[i][flag];
        a[i][flag] = temp;
    }
    for (i = 0; i < 3; i++) {
        for (j = 0; j < 4; j++) {
            printf("%d ", a[i][j]);
        }
        printf("\n");
    }
}
```

六、综合应用题

input 函数

代码	流程图
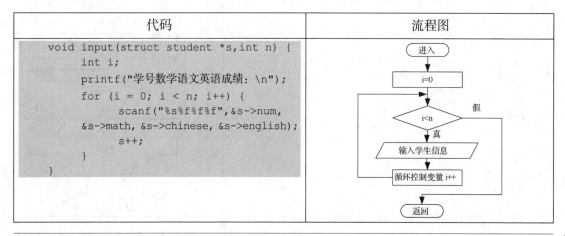	

output 函数

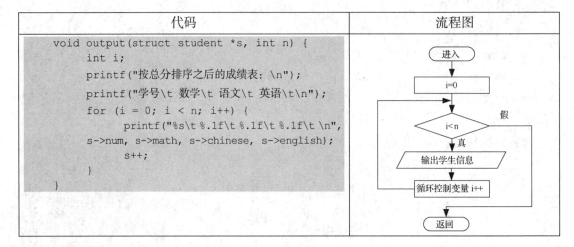

代码	流程图
| ```c
void output(struct student *s, int n) {
    int i;
    printf("按总分排序之后的成绩表: \n");
    printf("学号\t 数学\t 语文\t 英语\t\n");
    for (i = 0; i < n; i++) {
        printf("%s\t %.1f\t %.1f\t %.1f\t \n",
        s->num, s->math, s->chinese, s->english);
        s++;
    }
}
``` | |

sort 函数

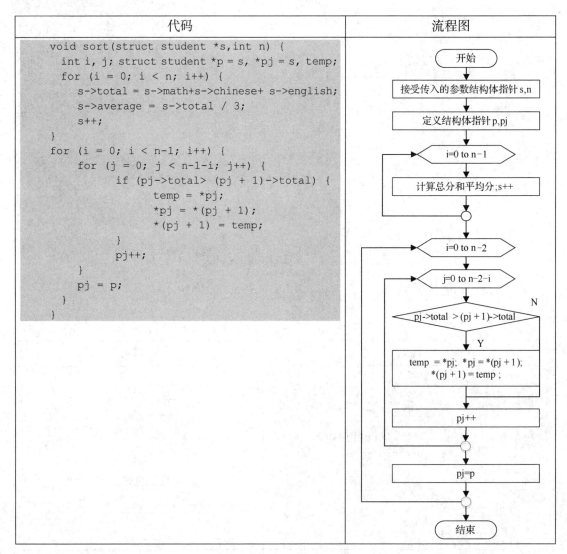

代码	流程图
| ```c
void sort(struct student *s,int n) {
  int i, j; struct student *p = s, *pj = s, temp;
  for (i = 0; i < n; i++) {
      s->total = s->math+s->chinese+ s->english;
      s->average = s->total / 3;
      s++;
  }
  for (i = 0; i < n-1; i++) {
      for (j = 0; j < n-1-i; j++) {
          if (pj->total> (pj + 1)->total) {
              temp = *pj;
              *pj = *(pj + 1);
              *(pj + 1) = temp;
          }
          pj++;
      }
      pj = p;
  }
}
``` | |

第二部分
实验指导与实验报告

目　录

第二部分　实验指导与实验报告

实验1　选择控制结构及其应用 ⋯⋯ 1

1.1　实验目的 ⋯⋯⋯⋯⋯⋯⋯⋯⋯⋯ 2
1.2　实验指导 ⋯⋯⋯⋯⋯⋯⋯⋯⋯⋯ 2
　1.2.1　阅读程序题 ⋯⋯⋯⋯⋯⋯ 2
　1.2.2　编程题 ⋯⋯⋯⋯⋯⋯⋯⋯ 2
　1.2.3　调试题 ⋯⋯⋯⋯⋯⋯⋯⋯ 2
1.3　实验内容 ⋯⋯⋯⋯⋯⋯⋯⋯⋯⋯ 2
　1.3.1　阅读程序题 ⋯⋯⋯⋯⋯⋯ 2
　1.3.2　编程题 ⋯⋯⋯⋯⋯⋯⋯⋯ 4
1.4　实验小结 ⋯⋯⋯⋯⋯⋯⋯⋯⋯⋯ 6

实验2　循环结构及其应用 ⋯⋯⋯⋯ 9

2.1　实验目的 ⋯⋯⋯⋯⋯⋯⋯⋯⋯⋯ 10
2.2　实验指导 ⋯⋯⋯⋯⋯⋯⋯⋯⋯⋯ 10
　2.2.1　阅读程序题 ⋯⋯⋯⋯⋯⋯ 10
　2.2.2　编程题 ⋯⋯⋯⋯⋯⋯⋯⋯ 10
2.3　实验内容 ⋯⋯⋯⋯⋯⋯⋯⋯⋯⋯ 11
　2.3.1　阅读程序题 ⋯⋯⋯⋯⋯⋯ 11
　2.3.2　编程题 ⋯⋯⋯⋯⋯⋯⋯⋯ 13
　2.3.3　程序选做题 ⋯⋯⋯⋯⋯⋯ 15
2.4　实验小结 ⋯⋯⋯⋯⋯⋯⋯⋯⋯⋯ 17

实验3　模块化设计与应用 ⋯⋯⋯⋯ 19

3.1　实验目的 ⋯⋯⋯⋯⋯⋯⋯⋯⋯⋯ 20
3.2　实验指导 ⋯⋯⋯⋯⋯⋯⋯⋯⋯⋯ 20
3.3　实验内容 ⋯⋯⋯⋯⋯⋯⋯⋯⋯⋯ 20
　3.3.1　阅读程序题 ⋯⋯⋯⋯⋯⋯ 20
　3.3.2　编程并上机调试 ⋯⋯⋯⋯ 22
3.4　实验小结 ⋯⋯⋯⋯⋯⋯⋯⋯⋯⋯ 28

实验4　数组及其应用 ⋯⋯⋯⋯⋯⋯ 29

4.1　实验目的 ⋯⋯⋯⋯⋯⋯⋯⋯⋯⋯ 30
4.2　实验指导 ⋯⋯⋯⋯⋯⋯⋯⋯⋯⋯ 30
4.3　实验内容 ⋯⋯⋯⋯⋯⋯⋯⋯⋯⋯ 30
　4.3.1　阅读程序题 ⋯⋯⋯⋯⋯⋯ 30
　4.3.2　编程题 ⋯⋯⋯⋯⋯⋯⋯⋯ 33

4.4　实验小结 ⋯⋯⋯⋯⋯⋯⋯⋯⋯⋯ 37

实验5　深入模块化设计与应用 ⋯⋯ 39

5.1　实验目的 ⋯⋯⋯⋯⋯⋯⋯⋯⋯⋯ 40
5.2　实验指导 ⋯⋯⋯⋯⋯⋯⋯⋯⋯⋯ 40
5.3　实验内容 ⋯⋯⋯⋯⋯⋯⋯⋯⋯⋯ 40
　5.3.1　阅读程序题 ⋯⋯⋯⋯⋯⋯ 40
　5.3.2　编程题 ⋯⋯⋯⋯⋯⋯⋯⋯ 42
5.4　实验小结 ⋯⋯⋯⋯⋯⋯⋯⋯⋯⋯ 48

实验6　构造型数据类型与应用 ⋯⋯ 49

6.1　实验目的 ⋯⋯⋯⋯⋯⋯⋯⋯⋯⋯ 50
6.2　实验指导 ⋯⋯⋯⋯⋯⋯⋯⋯⋯⋯ 50
　6.2.1　阅读程序题 ⋯⋯⋯⋯⋯⋯ 50
　6.2.2　编程题 ⋯⋯⋯⋯⋯⋯⋯⋯ 50
6.3　实验内容 ⋯⋯⋯⋯⋯⋯⋯⋯⋯⋯ 51
　6.3.1　阅读程序题 ⋯⋯⋯⋯⋯⋯ 51
　6.3.2　编程题 ⋯⋯⋯⋯⋯⋯⋯⋯ 53
6.4　实验小结 ⋯⋯⋯⋯⋯⋯⋯⋯⋯⋯ 55

实验7　综合设计与应用 ⋯⋯⋯⋯⋯ 57

7.1　实验目的 ⋯⋯⋯⋯⋯⋯⋯⋯⋯⋯ 58
7.2　实验指导 ⋯⋯⋯⋯⋯⋯⋯⋯⋯⋯ 58
7.3　实验内容 ⋯⋯⋯⋯⋯⋯⋯⋯⋯⋯ 58
　7.3.1　阅读程序题 ⋯⋯⋯⋯⋯⋯ 58
　7.3.2　编程题 ⋯⋯⋯⋯⋯⋯⋯⋯ 59
7.4　实验小结 ⋯⋯⋯⋯⋯⋯⋯⋯⋯⋯ 67

实验8　数据永久性存储 ⋯⋯⋯⋯⋯ 69

8.1　实验目的 ⋯⋯⋯⋯⋯⋯⋯⋯⋯⋯ 70
8.2　实验指导 ⋯⋯⋯⋯⋯⋯⋯⋯⋯⋯ 70
8.3　实验内容 ⋯⋯⋯⋯⋯⋯⋯⋯⋯⋯ 70
　8.3.1　阅读程序题 ⋯⋯⋯⋯⋯⋯ 70
　8.3.2　编程题 ⋯⋯⋯⋯⋯⋯⋯⋯ 72
8.4　实验小结 ⋯⋯⋯⋯⋯⋯⋯⋯⋯⋯ 75

实验 1
选择控制结构及其应用

学　　号：＿＿＿＿＿＿　　　　姓　　名：＿＿＿＿＿＿

任课教师：＿＿＿＿＿＿　　　　实验指导：＿＿＿＿＿＿

实验地点：＿＿＿＿＿＿　　　　提交日期：＿＿＿＿＿＿

1.1　实验目的

1. 掌握整型、字符型及浮点型变量的定义方法与赋值的方式。
2. 掌握不同类型的数据之间的赋值规律。
3. 掌握数据在内存中的存储方式。
4. 学会输入、输出函数的基本格式和使用方法。
5. 学会使用有关算术运算符、逻辑运算符、关系运算符，以及包含这些运算符的表达式。
6. 熟记各种运算符的优先级别，学会运用这一特性进行表达式的设计。
7. 运用 if-else 判定性结构进行程序设计。
8. 运用 switch 判定性结构进行程序设计。
9. 熟悉 C 语言程序的编辑、编译、连接和运行的过程。

1.2　实验指导

完成本实验需 4 学时。为了达到最佳的实验效果，提供以下几条适于编程的指导意见，仅供参考。

1.2.1　阅读程序题

1. 先运用在课堂所学的知识，推导出结果，然后在上机时输入计算机，印证推导结果的正确性。
2. 注意观察数据在内存中的存储方式与含不同种运算符表达式的输出结果。

1.2.2　编程题

1. 画出流程图，表达程序设计思想，分析程序设计的正确性。
2. 注意简单判定性问题的结构选择。

1.2.3　调试题

1. 调试是完成程序实现的重要工作，帮助完善程序，提高代码质量。
2. 调试是自学的重要手段。
3. 调试程序，可帮助我们考虑到程序运行时的各种可能情况。

1.3　实验内容

1.3.1　阅读程序题

1.

```
main( )
```

```
{   int cOne, cTwo;                    /*定义整型变量*/
    cOne=97;                           /*赋值*/
    cTwo=98;
    printf("%c %c\n",cOne, cTwo);      /*以字符形式输出*/
    printf("%d %d\n",cOne, cTwo);      /*以整数形式输出*/
}
```

该程序的输出结果是_____。

程序扩展：将变量 cOne、cTwo 改为字符型，输出结果是_____。

2.
```
main()
{
    int  nA=5, nB=1;
    printf("%d\n", nB=nB/nA);
}
```

该程序的输出结果是_____。

程序扩展：将 printf 语句中的%d 变为%f，输出结果是_____。

分析原因：_____。

3.
```
main()
{
    int nA=5;
    nA += nA -= nA + nA;           /*包含复合赋值运算符的赋值表达式*/
    printf("%d\n", nA);
}
```

该程序的输出结果是_____。

回答问题：赋值表达式 nA += nA-= nA+nA 的求解步骤为_____。

4.
```
main()
{
  short   nK=-1;
  printf("%d,%u\n", nK, nK);
}
```

该程序的输出结果是_____。

回答问题：-1 在内存中的存储为_____。

5.
```
main()
{
    unsigned nX;
    int nB=-1;
    nX = nB;                       /*有符号数据赋给无符号变量*/
    printf("%u", nX);
}
```

该程序的输出结果是_____。

回答问题：不同类型的整型数据相互赋值时，规则是_____。

6.
```
main()
{
```

```
    int nA=3,nB=6,nC=9;
    printf("%d\n",(!( nA <nB))&&(nC=nC+1));
    printf("%d",nC);
}
```

该程序的输出结果是_____。

程序扩展：将第一个 printf 语句中的&&变为||，结果为_____。

回答问题：变为||的运算过程为_____。

7.

```
main()
{
    int nA=1,nB=2,nC=0;
    if(nC=nA)  printf("%d\n",nC);
    else  printf("%d\n",nB);
}
```

该程序的输出结果是_____。

回答问题：（1）if 表达式 nC=nA 的作用是_____。

（2）将 if 的表达式换为判定是否相等的表达式应为_____。

1.3.2 编程题

编写程序并上机调试运行，完成下列任务。

1. 在某个零配件加工车间中，对工人等级的评定是按单位时间内加工的合格零件数量来进行的，当工人在单位时间内所生产的零件数低于 50 时，需要进行培训。工人生产合格的零件数量与等级的对应关系见下表。

合格零件数量	>80	70～80	60～70	50～60	<50
等级	四级	三级	二级	一级	培训

具体要求如下。

（1）用 switch 语句实现该功能。

（2）用键盘输入合格零件数量，输入前要有提示信息，对于不合理的数据应输出错误信息。

（3）输出结果应包含合格零件数量和评定的等级。

（4）分别输入合格零件数 -10、40、55、66、75、88、90，查看记录运行结果。

流程图	程序代码

测试数据：

输出结果：

2. 银行整存整取存款不同期限的月息利率如下：

$$月息利率=\begin{cases}0.63\% & 期限=1年\\0.66\% & 期限=2年\\0.69\% & 期限=3年\\0.75\% & 期限=5年\\0.84\% & 期限=8年\end{cases}$$

输入存款的本金和年限，求到期时能从银行得到的利息与本金的合计。利息的计算公式为：

$$利息＝本金×月息利率×12×存款年限$$

流程图	程序代码

测试数据：

输出结果：

3. 调试下面程序，使之具有如下功能：输入 nA、nB、nC 三个整数，求最小值。

```
main()
{
    int nA,nB,nC;
    scanf("%d%d%d", nA,nB,nC);
    if((nA>nB)&&(nA>nC))
        if(nB>nC)
            printf("min=%d\n",nB);
        else
            printf("min=%d\n",nC);
    if((nA<nB)&&(nA<nC))
        printf("min=%d\n",nA);
}
```

程序中含有一些错误，按下述步骤进行调试。

（1）设置断点。

（2）通过单步执行，观测变量，发现程序中的错误。

程序调试记录：

（1）程序出现的错误及改正。

（2）程序的改进。

1.4　实验小结

本实验是在学习完本书第 1 章和第 2 章后进行的，所以首先列出第 1 章的知识点，再列出第 2 章的知识点，请读者分别填写，自检共分 3 次，以便读者对学习状况进行对比。请在自检通过处画"√"，未通过处画"×"。

第 1 章	知识点自检表			
序号	知识点描述	自检情况		
		1	2	3
1	是否了解 C 语言程序结构?			
2	头文件如何引到本程序中来?			
3	头文件的两种引入方式有何不同?			
4	注释有几种方式? 每种方式有何不同?			
5	注释的主要作用是什么?			
6	注释是否是程序的正文?			
7	main()函数的作用是什么?			
8	一个程序中 main()函数可以有几个?			
9	什么是关键字?			
10	本章介绍了多少个关键字?			
11	组成标识符的要求是什么?			
12	数据类型的作用是什么?			
13	本章学了几种数据类型?			
14	每种类型的取值范围是多少?			
15	如何定义变量?			
16	本章学习了多少个运算符?			
17	本章所学的运算符的优先级分别是多少?			
18	每种运算符对与其相关的操作数是否有要求?			
19	表达式组成形式是什么?			
20	本章介绍的流程图的符号有哪些?			
21	会用本章所介绍的流程图表达自己设计思想了吗?			
22	printf()函数的格式是什么?			
23	printf()函数在输出变量时要注意些什么?			
24	怎样用 printf()函数输出字符型变量?			
25	怎样用 printf()函数输出整型变量? （有 5 种）			
26	怎样用 printf()函数输出浮点型变量? （有 2 种）			
27	编程风格要注意哪些?			

第 2 章 知识点自检表

序号	知识点描述	自检情况		
		1	2	3
1	关系运算符有哪些？各自的优先级是多少？			
2	逻辑运算符有哪些？各自的优先级是多少？			
3	位运算符有哪些？各自的优先级是多少？			
4	条件运算符如何使用？			
5	含有条件运算符的表达式的值如何确定？			
6	什么是隐式类型转换和强制类型转换？			
7	if 语句有几种？分别是什么？			
8	if 语句的嵌套形式是怎样的？			
9	在 if 语句的嵌套中 else 与 if 的配对原则是什么？			
10	if 语句的流程图如何表达？			
11	switch 语句的表达形式是怎样的？			
12	在 switch 语句中条件表达式与 case 常量表达式的关系如何？			
13	在 switch 语句中 default 语句的作用是什么？			
14	break 语句在 switch 语句中所起的作用是什么？			
15	switch 语句的流程图如何表达？			
16	地址操作符有哪些？优先级分别是多少？			
17	指针变量如何定义？			
18	指针变量怎样使用？			
19	在声明 int *p 中，p 和*p 分别代表什么？			
20	p=p+1 与*p=*p+1 有何区别？			
21	函数 scanf 的作用是什么？如何使用？			
22	在使用函数 scanf 时如何控制"脏"数据的输入？			
23	函数 scanf 的格式控制符有哪些？如何使用？			
24	函数 printf 的格式控制符有哪些？如何使用？			

实验 2
循环结构及其应用

学　　号：_____　　　　　姓　　名：_____

任课教师：_____　　　　　实验指导：_____

实验地点：_____　　　　　提交日期：_____

2.1　实验目的

1. 熟练掌握 for、while、do-while 语句实现循环的方法，包括正确地设定循环条件，有效地控制循环次数。
2. 掌握 break 语句与 continue 语句的使用方法。
3. 掌握循环的嵌套以及从循环体内退出循环的处理方式。
4. 掌握++、--、复合运算符及逗号运算符的使用方式。

2.2　实验指导

完成本实验需 4 学时。为了达到最佳的实验效果，提供以下几条适于模块化编程的指导意见。

2.2.1　阅读程序题

1. 先画流程图帮助分析复杂程序并推导出结果，然后输入计算机，验证推导结果的正确性。
2. 注意循环语句一般的使用方法。
3. 注意复合运算符的表达方式及使用方法。

2.2.2　编程题

1. 画出流程图，表达程序设计思想，分析程序设计的正确性。
2. 练习用不同的循环语句完成相同的程序设计任务。
3. 以正确的解题方法及步骤进行程序设计，如下例所示。

【例题解析】

编写一个程序，若半径从 1 开始取，面积在 40～90 则予以输出；否则不予输出。

（1）问题分析：解决问题的关键算法为求圆的面积并按要求输出。循环求圆的面积 area，若 area＜40，则用 continue 语句提前结束本次循环并开始新一轮循环；若 area＞90，则用 break 语句跳出循环。

（2）数学模型：$S_{面积} = \pi \times r \times r \qquad r \in [1,10]$

（3）算法流程图如图 2-1 所示。

（4）综合分析：

需要从循环体中提前跳出，要用 break 语句终止循环。在满足某种条件下，不执行循环中剩下的语句而立即从头开始新的一轮循环，要用 continue 语句。

（5）根据图 2-1 实现的代码如下：

```
#include <stdio.h>
void main (){
    float fArea=0.0,pi=3.14;
    int r;
    for(r=1;r<11;r++){
        fArea=pi*r*r;
```

```
        if (fArea<40)
          continue;
        if (fArea>90)
          break;
      printf("fArea=%5.2f\n",fArea);
      }
    }
```

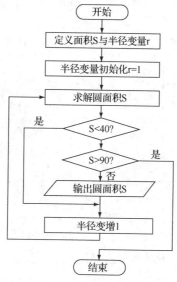

图 2-1　例题解析流程图

（6）总结。

正向工程的分析与实现。解题时，通常分为 6 个步骤：①问题分析；②模型建立；③算法描述（流程图）；④算法实现（程序）；⑤测试；⑥编写使用手册。这个过程称为正向工程分析与实现，本例题便属于这种情况。

反向工程的分析。通过程序运行的表象或对代码的阅读对程序进行分析，从而了解程序解题的设计方法及其数学模型，这一过程称为反向工程分析。

这两种能力都是系统分析师、设计师或程序员所必须具备的能力。请看阅读程序题 1，在阅读程序后，对此段程序的分析并用流程图进行表达，然后比较阅读程序题 1 中的流程图与本例中的流程图的不同。对阅读程序题 2 进行类似的分析。

2.3　实验内容

2.3.1　阅读程序题

1. 源程序

```
#include<stdio.h>
main(){
int nX=-2;
```

程序分析

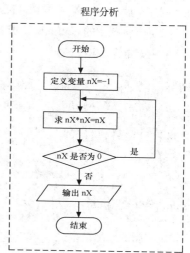

```
    do{
        nX=nX*nX;
    } while(!nX);
    printf("nX=%d\n",nX);
    }
```

该程序的输出结果是＿＿＿＿＿＿＿＿＿＿＿＿＿。

程序扩展：（1）在循环条件表达式!nX 中，当 nX 为＿＿＿＿＿＿＿＿＿＿＿＿，程序退出循环。

（2）在不影响程序原有功能的基础上，与!nX 等价的表达式为＿＿＿＿＿＿＿＿＿＿＿＿。

2. 源程序

```
#include<stdio.h>
main(){
    int nNum=8;
    while(nNum>=2){
        nNum--;
        printf("%d\n",nNum);
    }
}
```

该程序的输出结果是＿＿＿＿＿＿＿＿＿＿＿＿。

程序扩展：（1）在 printf 函数中第一个参数"%d\n"中"\n"所起的作用为＿＿＿＿＿＿。

（2）将 printf 函数放到循环体外结果为＿＿＿＿＿＿＿＿。

3. 源程序

```
#include<stdio.h>
main(){
    int nA,nB;
    for (nA=1,nB=1;nA<=100 ;nA++) {
        if (nB>=20) break;
        if (nB%3==0) { nB+=3; continue; }
        nB-=5;
    }
    printf("%d\n",nA);
}
```

该程序的输出结果是＿＿＿＿＿＿＿＿＿＿＿＿＿。

程序扩展：（1）若将题中的 break 换成 continue，则输出的结果为＿＿＿＿＿＿＿＿。

（2）若将题中的 continue 换成 break，则输出的结果为＿＿＿＿＿＿＿＿＿。

4. 源程序

```
#include<stdio.h>
main( ){
    int nY=2,nA=1;
    while (nY--!=-1)
        do {
            nA*=nY ;
            nA++ ;
        }while(nY--) ;
    printf("%d,%d\n",nA,nY);
}
```

该程序的输出结果是＿＿＿＿＿＿＿＿＿＿＿＿＿。

程序扩展：（1）若将题中的第一个 nY--改成--nY，则输出的结果为_____。

（2）如将题中的第二个 nY--改成--nY，则输出的结果为_____。

（3）解释出现（1）、（2）两种情况的原因_____。

2.3.2 编程题

编程序并上机调试运行（包括流程图、程序清单、测试数据及结果）。

1. 输入整数 n，求 $1 \times 3 \times 5 \times \cdots \times (2 \times n+1)$（$1<n<20$）。

流程图	程序代码

测试数据：

输出结果：

2. 打印出完全平方数小于 100 的所有数，即找到某数 n，若 $n \times n < 100$，则输出 n。

流程图	程序代码

测试数据：

输出结果：

3. 一个整数，它加上 100 后是一个完全平方数，再加上 168 又是一个完全平方数，请问该数是多少？

提示：数 x ∈ [1, 100000]，a=(int)(x+100)$^{1/2}$，若 a*a= =x+100，那么，b=(int)(x+268)$^{1/2}$，若 b*b= =x+268，则 x 即为所求。开方所用函数为 sqrt(x)，它包含在头文件 math.h 中。

流程图	程序代码

2.3.3 程序选做题

1. 猴子吃桃问题。猴子第一天摘下若干个桃子，当即吃掉了一半，还不过瘾，又多吃了一个。第二天早上又将剩下的桃子吃掉一半，又多吃了一个。以后每天早上都吃了前一天剩下的总数一半零一个。到第 10 天早上想再吃时，发现只剩一个桃子了。求第一天共摘了多少桃子。

提示：使用逆向推导的方式，设后一天的桃子为 N 个，则其前面一天的桃子为（N+1）×2 个，依此类推。

流程图	程序代码

输出结果：

2. "百钱买百鸡"问题：公鸡每只 5 元，母鸡每只 3 元，小鸡每 3 只 1 元；用 100 元买 100 只鸡，问公鸡，母鸡，小鸡各买多少只？

提示：设公鸡 x 只，母鸡 y 只，小鸡 z 只；则有 $1<=x<=18$，$1<=y<=31$，$1<=z<=98$，且同时满足 $5x+3y+z/3=100$，$x+y+z=100$，$z\%3=0$ 这三个条件。通过数学运算可改变条件，从而可用不同的方法来解决此问题，请尝试不同的循环次数解决该问题。

流程图	程序代码

输出结果：

程序调试记录：

要求：写出题号，并编写顺序号。例如：2.4.1 中的题 1 出现的错误。

① 程序出现的错误及改正。

② 程序的改进。

2.4　实验小结

　　本实验是针对本书第 3 章的知识学习进行的，故列出第 3 章的知识点，请读者分别填写，自检共分 3 次，以便读者对学习状况进行对比。请在自检通过处画"√"，未通过处画"×"。

第 3 章 知识点自检表

序号	知识点描述	自检情况		
		1	2	3
1	对循环的概念是否了解？			
2	for 循环的一般结构是什么？			
3	for 循环头部中分号的作用是什么？			
4	for 循环的执行流程是否清楚？			
5	如何用流程图表达 for 循环的执行过程？			
6	什么是复合赋值运算符？			
7	复合赋值运算符共有多少种？			
8	复合赋值运算符的等价表达方式是什么？			
9	逗号表达式的值如何确定？			
10	++、--运算符的运算规则是什么？			
11	while 循环的一般结构是什么？			
12	while 循环的执行流程是否清楚？			
13	如何用流程图表达 while 循环的执行过程？			
14	while 循环与 for 循环的区别是什么？			
15	while 循环与 for 循环之间如何进行互换？			
16	do while 循环的一般结构是什么？			
17	do while 循环的执行流程是否清楚？			
18	如何用流程图表达 do while 循环的执行过程？			
19	do while 循环的执行特点是什么？			
20	3 种循环的区别是什么？			
21	怎样实现 3 种循环的互换？			
22	选择循环有何原则？			
23	为何会产生无限循环？			
24	如何合理使用无限循环？			
25	怎样使用 break 语句中断循环？			
26	怎样使用 continue 语句中断循环？			
27	break 语句与 continue 语句的区别是什么？			
28	怎样使用 goto 语句进行程序跳转？			
29	如何使用 goto 语句构成循环？			

实验 3
模块化设计与应用

学　　号：_____　　　　姓　　名：_____

任课教师：_____　　　　实验指导：_____

实验地点：_____　　　　提交日期：_____

3.1　实验目的

1. 深刻理解模块化程序设计的思想及如何进行模块划分。
2. 掌握函数实参和形参的对应关系以及"值传递"的方式。
3. 理解函数调用的过程以及函数的返回值。
4. 掌握有参函数和有参的宏之间的异同。
5. 掌握定义函数的方法以及函数原型的声明。
6. 灵活运用函数调用（有参函数和无参函数、有返回值的函数和无返回值的函数）。

3.2　实验指导

完成本实验需要 4 学时。为了达到最佳的实验效果，下面提供几点指导意见，仅供参考。

1. 阅读程序题应先运用自己在课堂所学的知识，推导出结果。上机时输入计算机，验证自己推导的结果是否正确。若不正确，应学会分析原因。

2. 编程时注意事项如下。

（1）一个模块（或函数）应有一个入口点和一个退出点。

（2）一般每个模块（或函数）只执行一个任务；不要将无关的任务放于同一模块中，只将完成同一任务的语句组合在一起。

（3）先画流程图，后写程序代码。

（4）变量和函数标识符尽量"见名知义"。

（5）程序中应有适当注释。

3. 学会记录调试程序时出现的错误，以便积累经验。

3.3　实验内容

3.3.1　阅读程序题

1.

```
#include <stdio.h>
int f(int m)
{
    int k=2;
    k++;
    return k+m;
}
void main( )
{
    int s;
    s=f(2);
    printf("%d, %d\n", s, f(s));
```

```
}
```

该程序的输出结果是_____。

程序扩展：如果将 k++改成++k，程序的输出结果是_____。

分析原因：_____。

2.

```
#include <stdio.h>
int f( int a )
{  int b=0;
   int c=3;
   b=b+1;
   c=c+1;
   return(a+b+c);
}
void main()
{
   int a=2,i;
   for(i=0;i<3;i++)
   printf("%d",f(a));
}
```

该程序的输出结果是_____。

3.

```
#include <stdio.h>
void swap(int *a, int *b)
{
    int *t;
    t=a;a=b;b=t;
}
void main()
{
    int x=3,y=5,*p=&x,*q=&y;
    swap(p,q);
    printf("%d %d\n",*p,*q);
}
```

该程序的输出结果是_____。

程序拓展：将函数 swap()改为

```
void swap(int *a, int *b)
{  int t ;
   t = *a;*a = *b;*b = t;
}
```

程序输出的结果是_____。

分析原因：_____。

4.

```
#include <stdio.h>
#define M(x,y,z) x*y+z
void main()
{
    int a=1,b=2,c=3;
    printf("%d\n", M(a+b,b+c,c+a));
}
```

该程序的输出结果是＿＿＿＿＿＿＿＿＿＿＿＿＿＿＿＿＿＿。

程序拓展：如果 printf("%d\n", M((a+b),b+c,c+a))；输出结果是＿＿＿＿＿＿＿＿＿＿＿＿。

如果将宏替换内容改为#define M(x,y,z)　x*(y)+z，则输出结果为＿＿＿＿＿＿＿＿＿＿。

如果将宏替换内容改为#define M(x,y,z)　(x)*(y)+z，则输出结果为＿＿＿＿＿＿＿＿＿。

5.

```
#include <stdio.h>
int M(int x, int y, int z)
{   int p;
    p=x*y+z;
    return(p);
}
void main()
{   int a=1,b=2,c=3;
    printf("%d\n", M(a+b,b+c,c+a));
}
```

该程序的输出结果是＿＿＿＿＿＿＿＿＿＿＿＿＿＿＿＿＿＿。

3.3.2　编程并上机调试

1. 请设计一个函数 fun()，它的功能是判断 pm 是否是素数。若 pm 是素数，返回 1；若不是素数，返回 0。pm 的值由主函数从键盘读入。

函数 fun( )

流程图	程序代码

主函数 main( )

流程图	程序代码

测试数据：

输出结果：

2. 请设计一个函数 fun()，它的功能是将两个两位数的正整数 a、b 合并形成一个整数放在 c 中。合并的方式是：将 a 数的十位和个位数依次放在 c 数的千位和个位上，b 数的十位和个位数依次放在 c 数的百位和十位上。例如，当 a=13，b=14，调用该函数后，c=1143。

函数 fun()

流程图	程序代码

主函数 main()

流程图	程序代码

测试数据：

输出结果：

3. 请设计两个函数 MaxCommonFactor() 和 MinCommonMultiple()，它们的功能是前者用于求两个正整数的最大公约数，后者用于求两个正整数的最小公倍数。

函数 MaxCommonFactor()

流程图	程序代码

函数 MinCommonMultiple()

流程图	程序代码

主函数 main()

流程图	程序代码

测试数据：

输出结果：

4. 已知求 sin(x)近似值的多项式公式为

$$\sin(x) = x - \frac{x^3}{3!} + \frac{x^5}{5!} - \frac{x^7}{7!} + \cdots + (-1)^n \frac{x^{2n+1}}{(2n+1)!} + \cdots$$

编程并计算 $\sin(x)$ 的值，要求最后一项的绝对值小于 10^{-5}，并统计出此时累加了多少项。

流程图	程序代码

测试数据：

输出结果：

3.4　实验小结

以下是对本书第 4 章内容的一个测试，希望读者如实填写，以便指导老师了解每个人的情况，从而制定更好的教学方案。自检共分 3 次，以便读者对学习状况进行对比。请在自检通过处画"√"，未通过处画"×"。

第 4 章　　　　　　　　　　　　　　知识点自检表

序号	知识点描述	自检情况		
		1	2	3
1	什么是模块化程序设计？			
2	模块化程序设计有什么特点？			
3	函数分为哪几类？有什么差别？			
4	函数的声明格式是什么？			
5	函数定义的格式是什么？			
6	函数的返回值类型由什么决定？			
7	函数的参数列表中，不同的参数之间如何间隔？			
8	函数的形参和实参的区别是什么？			
9	函数的值传递的方式是什么？			
10	函数如何调用？			
11	函数的返回值用什么语句返回？			
12	预处理用什么符号开头？			
13	预处理语句末尾需要分号吗？为什么？			
14	文件包含的两种不同方式是什么？			
15	文件包含的两种不同方式有什么差别？			
16	（不）有参数的宏定义格式是什么？			
17	用什么命令终止宏作用域？			
18	习惯上宏名命名一般采用哪种方式？			
19	System（"cls"）的基本作用是什么？			
20	函数调用的执行过程是什么？			
21	函数的形式参数和宏定义的形式参数有什么差别？			

实验 4
数组及其应用

学　号：＿＿＿＿＿＿　　　　　姓　　名：＿＿＿＿＿＿

任课教师：＿＿＿＿＿＿　　　　实验指导：＿＿＿＿＿＿

实验地点：＿＿＿＿＿＿　　　　提交日期：＿＿＿＿＿＿

4.1　实验目的

1. 掌握一维和二维数组的定义、赋值和引用。
2. 学会正确使用一维数组、二维数组。
3. 学会使用多维数组、字符数组。
4. 学会指针的使用方法。
5. 了解字符串处理函数。
6. 学会如何运用数组进行程序设计。
7. 学会使用字符串处理函数。

4.2　实验指导

完成本实验需 4 学时。为了达到最佳的实验效果，以下提供几条适于模块化编程的指导意见，仅供参考。

1. 阅读程序题应先运用自己在课堂所学的知识，推导出结果，在上机时输入计算机，印证自己推导的结果，注意数组下标的使用方法。

2. 编程题必须首先画出流程图，并反复思考判断程序设计的正确性，注意数组下标不要越界（为了加深认识，自己可以尝试一下下标越界的情况）。

3. 调试程序要有耐心，反复的调试过程，虽然表面看起来费时费力，但是初学者一定会受益匪浅。

4.3　实验内容

4.3.1　阅读程序题

1. 源程序

```
#include <stdio.h>
void main()
{
    char ch[7]={"65ab21"};
    int i,s =0;
    for(i=0;i<7;i++)
    {
        if(ch[i]>='0'&&ch[i]<='9')
            s=10*s+ch[i]-'0';
    }
    printf("%d\n",s);
}
```

程序分析

该程序的输出结果是＿＿＿＿＿＿＿＿＿＿＿＿＿＿＿＿。

2. 源程序

```c
#include<stdio.h>
#define MAX 5
void main()
{
    int a[MAX],i;
    for(i=0;i<5;i++)
        a[i]=i;
    printf("\n*****a*****\n");
    for(i=0;i<5;i++)
    {
        printf("a[%d]=",i);
        printf("%d\n",a[i]);
    }
}
```

程序分析

该程序的输出结果是_____。

3. 源程序

```c
#include "stdio.h"
#define N 10
void main()
{
    int i,j,temp;
    int a[N+1];
    int count=0;
    printf(" input  %d  data : \n",N);
    for (i=1;i<=N;i++)
        scanf("%d",&a[i]);
    printf("********sort course********\n");
    for(i=1;i<=N;i++)
    {
        count++;
        for(j=1;j<=N-i;j++)
            if(a[j]>a[j+1])
            {
                temp=a[j];
                a[j]=a[j+1];
                a[j+1]=temp;
            }
        printf("%3d:",count);
        for(j=1;j<=N;j++)
        printf(" %d",a[j]);
        printf("\n");
    }
    printf("the result is:\n");
    for(i=1;i<=N;i++)
    printf("%d",a[i]);
}
```

程序分析

输入：10 9 8 7 6 5 4 3 2 1
该程序的输出结果是_____。

4. 源程序

```c
#include "stdio.h"
#define N 20
main()
{
    int f[N],i;
    f[0]=1;
    f[1]=1;
    for(i=2;i<N;i++)
        f[i]=f[i-1]+f[i-2];
    printf("\n--------Fibonacci--------\n");
    for(i=0;i<N;i++)
    {
        if(i%4==0)
            printf("\n\n");
        printf("f[%-2d]=%-5d",i,f[i]);
    }
}
```

程序分析

该程序的输出结果是_____。

5. 源程序

```c
#include "stdio.h"
main()
{
    int i,j, temp;
    int a[3][3]={{11,12,13},{21,22,23},{31,32,33}};
    printf("---matrix a---\n");
    for(i=0;i<3;i++)
    {
        for(j=0;j<3;j++)
            printf("%3d",a[i][j]);
        printf("\n\n");
    }
    for(i=0;i<3;i++)
        for(j=0;j<i;j++)
        {
            temp=a[i][j];
            a[i][j]=a[j][i];
            a[j][i]=temp;
        }
        printf("---matrix a changed---\n");
        for(i=0;i<3;i++)
        {
            for(j=0;j<3;j++)
                printf("%3d",a[i][j]);
            printf("\n\n");
        }
}
```

程序分析

该程序的输出结果是_____。

6. 源程序

```
#include "stdio.h"
main()
{    char s[40];
     int i;
     printf("input string:");
     for(i=0;(s[i]=getchar())!='\n';i++);
     s[i]='\0';
     printf("\output string:");
     for(i=0;s[i]!='\0';i++)
     {    if(s[i]>='a'&&s[i]<='z')
              s[i]=s[i]-32;
          else if(s[i]>='A'&&s[i]<='Z')
              s[i]=s[i]+32;
          printf("%c",s[i]);
     }
}
```

输入：I Love Computer Very Much!

该程序的输出结果是＿＿＿＿＿＿＿＿＿＿＿＿＿＿＿＿＿。

7. 源程序

```
#include <stdio.h>
#include <string.h>
void main()
{
     char str[]="C language";
     printf("%d\n",sizeof(str)/sizeof(char));
}
```

该程序的输出结果是＿＿＿＿＿＿＿＿＿＿＿＿＿＿＿＿＿。

程序扩展：如果输出语句变成 printf("%d\n",strlen(str));该程序的输出结果是＿＿＿＿＿＿＿＿＿。

分析原因：＿＿＿＿＿＿＿＿＿＿＿＿＿＿＿＿＿＿＿。

8. 源程序

```
#include <stdio.h>
#include <string.h>
#define MAX 40
void main()
{    char str[MAX]={"I like C language!"};
     gets(str+7);
     printf("%s\n",str);
}
Input: Harbin Institution of Technology
```

该程序的输出结果是＿＿＿＿＿＿＿＿＿＿＿＿＿＿＿＿＿。

程序扩展：如果输入语句变成 scanf("%s",str+7);该程序的输出结果是＿＿＿＿＿＿＿＿＿＿＿＿。

分析原因：＿＿＿＿＿＿＿＿＿＿＿＿＿＿＿。

4.3.2　编程题

编写程序并上机调试运行（包括题目及要求、流程图、程序清单、测试数据及结果）。

1. 编写一个 3×4 矩阵，找出每行中最大元素并与第一列元素交换。具体要求如下。

（1）使用二维数组存放该 3×4 矩阵。

（2）定义并初始化该二维数组。

（3）输出原矩阵和变换后的矩阵进行比较。

（4）有必要的提示信息。

流程图	程序代码

测试数据：

输出结果：

2. 编程实现如下功能：将字符数组 str1 中的全部字符复制到字符数组 str2 中，具体要求如下。

（1）不能使用字符串复制函数 strcpy()。

（2）必须将 str1 中的字符串结束标志'\0'一起复制，但其后的字符不复制。

（3）str1 的长度不超过 80，str2 的长度必须足够大。

（4）有必要的提示信息。

流程图	程序代码

测试数据：

输出结果：

3. 设某班共有 50 名学生，评定某门课程的奖学金，按照规定超过全班平均成绩 10%者发给一等奖，超过全班平均成绩 5%者发给二等奖。编写程序，输出学生学号、成绩和奖学金等级。

流程图	程序代码

测试数据：

输出结果：

4. 调试下面程序。

```
#define  N  10
main()
```

```
{  int i,nNum,nData[]={12,15,23,29,30,31,34,45,56,70};
   /* nNum 存放被查找的整数,数组 data 存放有序数列*/
   int nLow=0,nHigh=N-1,nMid;
 /*nLow、nHigh 和 nMid 分别标记查找区间的下界和上界及中间位置*/
   printf("\nplease input num :\n");
   scanf("%d",&nNum);                       /*输入要查找的整数*/
   printf("the sorted numbers are:\n");
   for(i=1;i<N;i++)
     printf("%d  ",nData[i]);               /*输出有序数列*/
   while(nLow<=nHigh)                        /*使用折半法查找数据*/
 { nMid=(nLow+nHigh)/2;
   if(nNum==nData[nMid])
     printf("\nFind %d,it is nData[%d]!",nNum,nMid);
     break;  /*若 nNum 等于数列中间位置的数据则查找成功*/
   else if(nNum>nData[nMid])
       nLow=nMid+1;
/*若 nNum 小于中间位置的数据, nLow 等于 nMid-1*/
       else
         nHigh=nMid-1;
/*若 nNum 大于中间位置的数据, nLow 等于 nMid+1*/
   }
   if(nLow>nHigh)
     printf("\n %d is not in nData[]",nNum);
/*若 nLow 大于 nHigh,则查找失败*/
}
```

程序中包含有一些错误，按下述步骤进行调试。

（1）程序出现的错误及改正。

（2）程序的改进。

4.4　实验小结

本实验是在学习完本书第 5 章进行的，所以列出该章的知识点，请读者分别填写，自检共分 3 次，以便读者对学习状况进行对比。请在自检通过处画"√"，未通过处画"×"。

第 5 章	知识点自检表			
序号	知识点描述	自检情况		
		1	2	3
1	什么是数组？			
2	数组要定义什么？一般形式是什么？			
3	数组在内存中是怎么存储的？			
4	数组名的含义是什么？			
5	数组声明和引用时下标的使用有区别吗？			
6	数组定义初始化时需要注意哪些问题？			
7	在数组初始化中有哪几种情况会自动取系统默认值 0？			
8	数组长度和最大下标是相同的吗？			
9	数组初始化时什么情况下可省去下标说明？所有下标都能省吗？			
10	数组能整体引用吗？			
11	常见的二维数组初始化的方法有哪两种？			
12	指针变量如何定义？			
13	指针变量怎样使用？			
14	在声明 int *p 中，p 和*p 分别代表什么？			
15	p=p+1 与*p=*p+1 有何区别？			
16	如何进行动态内存分配？			
17	malloc()函数与 calloc()函数有什么区别？			
18	什么时候使用 free()函数？			
19	字符串有结束标识吗？要手动加吗？			
20	对字符数组用字符串方式赋值和字符逐个赋值区别在哪里？			
21	有哪些地方需要用字符串指针变量和用字符数组存储字符串？			
22	函数 puts()能输出转义字符吗？格式转换或输出数值呢？			
23	用函数 scanf()能接受含空格的单个字符串吗？函数 gets()呢？			
24	字符串能用赋值操作符 "=" 来实现吗？			
25	对函数 strcpy()参数中两个数组的长度有何要求？函数 strcat()呢？			
26	函数 strcmp()三种情况下的返回值各是什么？			
27	函数 strlen()测出的字符串长度包含'\0'吗？			

实验 5
深入模块化设计与应用

学　　号：_____　　　　姓　　名：_____

任课教师：_____　　　　实验指导：_____

实验地点：_____　　　　提交日期：_____

5.1　实验目的

1. 学会函数嵌套调用的设计与使用方法。
2. 掌握递归调用的设计与使用。
3. 学会使用指针作为函数的参数及其他程序设计。
4. 如何以一维数组、二维数组作为函数参数进行程序设计。
5. 掌握冒泡排序、选择排序的设计与使用方法。

5.2　实验指导

完成本实验需4学时。为了达到最佳的实验效果，以下提供几条适于模块化编程的指导意见，仅供参考。

1. 阅读程序题应先运用自己在课堂所学的知识，推导出结果，再上机，印证自己推导的结果。注意观察函数嵌套调用、一维数组作为函数参数、指针作为函数的参数、递归调用的使用方法。

2. 编程题必须首先画出流程图，并反复思考判断程序设计的正确性，以面向过程的、模块化设计方法完成程序设计。要注意变量设置、函数参数及返回值在数据传递或共享中的重要作用。

5.3　实验内容

5.3.1　阅读程序题

1.

```
int func(int nA, int nB)
{ return (nA+nB);}
void main()
{
    int nX=2,nY=5,nZ=8,nR;
    nR=func(func(nX,nY),nZ);
    printf("%d\n",nR);
}
```

该程序的输出结果是_____。

程序扩展：将 nR=func(func(nX,nY),nZ);改为 nR=func(func(nX,nY),func(nY,nZ));输出结果是

_____。

分析原因：_____。

2.

```
int f(int b[], int n)
{ int i,nR;
  nR=1;
  for(i=0;i<=n;i++)
    nR=nR*b[i];
  return nR;
}
void main()
{
    int nX,a[]={2,3,4,5,6,7,8,9};
    nX=f(a,3);
    printf("%d\n",nX);
}
```

f 函数流程图

该程序的输出结果是＿＿＿＿＿＿＿＿＿＿＿＿＿＿＿＿＿。

程序扩展：将 nX=f(a,3);改为 nX=f(a,7);输出结果是＿＿＿＿＿＿＿＿＿＿＿＿＿＿＿＿。

分析原因：＿＿＿＿＿＿＿＿＿＿＿＿＿＿＿＿＿。

3.

```
long fib(int n)
{
    if(n>2)
        return(fib(n-1)+fib(n-2));
    else
        return(2);
}
void main()
{
    printf("%d\n",fib(3));
}
```

该程序的输出结果是＿＿＿＿＿＿＿＿＿＿＿＿＿＿＿＿＿。

程序扩展:printf("%d\n",fib(3));改为 printf("%d\n",fib(4));输出结果是＿＿＿＿＿＿＿＿＿＿。

分析原因：＿＿＿＿＿＿＿＿＿＿＿＿＿＿＿＿＿。

4.

```
int f(char *cS)
{
   int nK=0;
   while(*cS)
     nK=nK*10+*cS++-'0';
   return(nK);
}
```

以 f("1234")方式调用该函数，输出结果是：＿＿＿＿＿＿＿＿＿＿＿＿＿＿＿＿＿。

程序扩展：将 nK=nK*10+*cS++-'0';改为 nK=nK*10+*cS++;输出结果是＿＿＿＿＿＿＿＿。

分析原因：＿＿＿＿＿＿＿＿＿＿＿＿＿＿＿＿＿。

5.

```
void sort(int *nB,int n)
{   int i,j,k,nT;
    for(i=0;i<n-1;i++){
        k=i;
        for(j=i+1;j<n;j++)
            if(*(nB+j)<*(nB+k))
```

```
                k=j;
            if(k!=i){
                nT=*(nB+i);
                *(nB+i)=*(nB+k);
                *(nB+k)=nT;
            }
        }
    }
void main()
{   int *nP,i,a[10];
    nP=a;
    for(i=0;i<10;i++)
        scanf("%d",nP++);
    nP=a;
    sort(nP,10);
    for(nP=a,i=0;i<10;i++,nP++)
        printf("%d ",*nP);
    printf("\n");
}
```

该程序的输出结果是_____。

5.3.2 编程题

编程序并上机调试运行（包括题目及要求、流程图、程序清单、测试数据及结果）。

1. 编写一个函数 fun(char *s)，函数的功能是把字符串中的内容逆置。例如，字符串中原有的内容为"abcdefg"，则调用该函数后，字符串中的内容为"gfedcba"。

流程图	程序代码

2. 构造函数 InputName(char StudName[][8])，将 8 名同学的姓名存入二维数组中；构造函数 BubbleSort(char StudName[][8])，用冒泡排序算法按学生的姓名进行排序；构造函数 OutputName (char StudName[][8])，将排序后的结果输出。

函数 InputName(char StudName[][8])

流程图	程序代码

函数 OutputName(char StudName[][8])

流程图	程序代码

函数 BubbleSort(char StudName[][8])

流程图	程序代码

主函数中调用代码

测试数据：

输出结果：

3. 构造函数 Input(char StudNo[][8], float Score[8])，将 8 名同学的姓名存入二维数组中；构造函数 SelectSort(char StuNo[][8],float Score[8])，用选择排序算法按学生的成绩进行排序；构造函数 Output (char StudNo[][8] , float Score[8])，将排序后的结果输出。

函数 Input(char StudNo[][8], float Score[8])

流程图	程序代码

函数 SelectSort(char StudName[][8],float Score[8])

流程图	程序代码

函数 Output (char StudNo[][8] , float Score[8])

流程图	程序代码

主函数中调用代码

测试数据：

输出结果：

4. 编程实现一个数组的全排列。要求递归实现。例如数组 a=[1,2,3]的全排列为

1 2 3

1 3 2

2 1 3

2 3 1

3 1 2

3 2 1

流程图	程序代码

程序调试记录：

（1）程序出现的错误及改正。

（2）程序的改进。

5.4　实验小结

以下是对本书第 6 章内容的一个测试，希望读者如实填写，以便指导老师了解每个人的学习情况，从而制订更好的教学方案。读者自检共分 3 次，以便对学习状况进行对比。请在自检通过处画"√"，未通过处画"×"。

另外，第 6 章除理解下述提到的基本概念外，更加注重实践，尤其是模块设计思维方面的锻炼，因此希望读者多做练习、多上机实践，以在巩固基本概念的同时，提高 C 语言的程序设计能力。

第 6 章　　　　　　　　　　知识点自检表

序号	知识点描述	自检情况		
		1	2	3
1	算法的要素有哪些？			
2	算法的基本性质是什么？			
3	算法的基本特征是什么？			
4	算法设计的基本要求是什么？			
5	是否能通过斐波那契数列理解算法的演算过程与设计思想？			
6	是否掌握了冒泡排序算法的设计思想？			
7	冒泡排序的比较和交换次数各为多少？			
8	是否掌握了选择排序的设计思想？			
9	选择排序的比较和交换次数各为多少？			
10	模块化设计思路是什么样的？			
11	函数可以嵌套定义吗？			
12	什么是函数的嵌套调用？			
13	函数嵌套调用的执行流程是什么样的？			
14	函数递归的定义是什么？			
15	函数递归调用的执行流程是什么样的？			
16	设计函数的递归应注意哪些问题？			
17	如何使用指针作为函数的参数？			
18	指针作为函数参数有何优势？			
19	如何区分改变的是地址还是地址的值？			
20	a=*p++ 与 a=(*p)++的区别是什么？			
21	数组作为函数参数时应注意些什么？			
22	什么是函数指针？			
23	如何使用函数指针？			
24	使用函数指针时应注意哪些问题？			

实验 6
构造型数据类型与应用

学　号：＿＿＿＿＿　　　姓　名：＿＿＿＿＿

任课教师：＿＿＿＿＿　　实验指导：＿＿＿＿＿

实验地点：＿＿＿＿＿　　提交日期：＿＿＿＿＿

6.1　实验目的

1. 学会结构体与共用体的定义。
2. 掌握结构体四种变量的声明及使用方式。
3. 学会使用结构体指针。
4. 掌握结构体数组的声明和使用。
5. 掌握结构体作为函数返回值及函数参数的使用方法。
6. 学会结构体与共用体的嵌套定义。
7. 掌握结构体与共用体存储空间的计算。
8. 理解一个共用体变量的值就是最近赋值的某一个成员值。
9. 理解枚举常量的含义以及使用时的要点。

6.2　实验指导

完成本实验需 3 学时。作为一种用户自定义数据类型，必须首先进行结构体和共用体类型的定义（不分配空间），在定义了其类型之后才可以声明该结构体（共用体）类型的变量、数组或指针（分配空间）。结构体变量定义之后，即可像简单数据类型变量一样来使用。以下为几条指导建议，仅供参考。

6.2.1　阅读程序题

1. 在做实验之前，可以先参考下本章学习指导，回忆本章的学习内容及一些设计要点。
2. 在阅读程序之前先运用已学知识推导出结果，再上机进行验证，对于错误的推导结果或遇到的问题可以参考实验问答或进行调试。
3. 在程序扩展的基础上还可以进行自我扩展，提高 C 语言的程序设计能力与编程技巧。

6.2.2　编程题

1. 先根据要求选择正确的存储结构。
2. 画出流程图，表达程序设计思想，分析程序设计的正确性。
3. 在实际编程中，要体会：
（1）结构体变量、共用体变量的成员引用方法。
（2）结构体变量、共用体变量的存储空间计算方法。
（3）结构体、共用体与指针、数组、函数的关系。
4. 对于不能达到正确结果的程序，读者要充分利用调试功能。

6.3 实验内容

6.3.1 阅读程序题

1.
```
typedef union {
    double I;
    int nK[5];
    char cC;
}DATE;
struct date
{
    int nCat;
    DATE cow;
    double dDog;
}too;
DATE max;
void main()
{
    printf("%d",sizeof(struct date)+sizeof(max));
}
```

该程序的输出结果是＿＿＿＿＿＿＿＿＿＿＿＿＿＿＿＿＿＿＿＿＿。

程序扩展：如果将结构体 date 中的 int nCat 改为 char cCat，输出结果是＿＿＿＿＿＿＿＿＿。

分析原因：＿＿＿＿＿＿＿＿＿＿＿＿＿＿＿＿＿＿＿。

2.
```
void main()
{
    union bt
    {
        int  nK;
        char  cC[2];
    }a;
    a.nK=-17;
    printf("%o,%o\n",a.cC[0],a.cC[1]);
}
```

该程序的输出结果是＿＿＿＿＿＿＿＿＿＿＿＿＿＿＿＿＿。

程序扩展：将 int nK，改为 char cK，a.cK='a'；输出结果是＿＿＿＿＿＿＿＿＿＿＿＿＿。

分析原因：＿＿＿＿＿＿＿＿＿＿＿＿＿＿＿＿＿＿。

3.
```
void main() {
    union example
    {
        struct
        {
            int nX;
            int nY;
        }in;
```

```
            int nA;
            int nB;
        }e;
        e.nA=1; e.nB=2;
        e.in.nX=e.nA*e.nB;
        e.in.nY=e.nA+e.nB;
        printf("%d,%d",e.in.nX, e.in.nY);
}
```

该程序的输出结果是_____。

分析原因：_____。

程序扩展：在结构体中如果交换 x，y 的定义位置，即 int nY，int nX，结果是_____。

4.
```
union {
    int nX;
    char cY[10];
}u;
void main()
{
    u.nX=2112345678;
    gets(u.cY);
    printf("%d,",u.nX);
    puts(u.cY);
}
```

输入 "qwe"，输出结果是_____。

输入 "qwert"，输出结果是_____。

程序扩展：将 u.nX=2112345678；语句与 gets(u.cY)；交换，输入为 "qwert"，输出结果是

_____ 。

分析原因：_____。

5.
```
void main()
{
    struct student
    {
        int nWeight;
        int nHigh;
    }stu={60,170},*p;
    p=&stu;
    p->nWeight=70;
    p->nHigh=175;
    printf("%d,%d",stu.nWeight,stu.nHigh);
}
```

该程序的输出结果是_____。

分析原因：_____。

6.
```
void main()
{
    struct{
        int nX;
        int nY;
    }s1,s2;
```

```
    s1.nX=2;
    s1.nY=3;
    s2=s1;
    s1.nX--;
    --s1.nY;
    printf("%d,%d\n",s1.nX,s1.nY);
    printf("%d,%d",s2.nX,s2.nY);
}
```

该程序的输出结果是_____、_____。

分析原因：_____。

7.

```
void main()
{
    enum num{num0,num1,num2,num3,num4,num5,num6}u;
    printf("%d,%d,%d,%d,%d,%d,%d",num0,num1,num2,num3,num4,num5,num6);
}
```

该程序输出结果是_____。

程序扩展：

（1）如下定义 enum num{num0=1,num1,num2=5,num3,num4=9,num5,num6=0}u;

该程序输出结果是_____。

分析原因：_____。

（2）语句 num0=5；可执行吗？原因：_____。

8.

```
void main()
{
    int nNum, nMask;
    nNum=520;
    nNum = nNum >> 8;
    nMask = ~ ( ~0 << 4);
    printf("%d",nNum & nMask);
}
```

该程序输出结果是_____。

运算过程分析：_____。

6.3.2　编程题

制作一个简单的通信录，输入姓名和电话，将其保存在结构体数组中；通过输入姓名，可查询到某个人的电话；如果姓名为空则列出所有人的姓名与电话。

录入模块流程图	查询模块流程图

主程序流程图

代码清单

测试数据：

输出结果：

程序调试记录：

（1）程序出现的错误及改正。

（2）程序的改进。

6.4 实验小结

以下是对本书第 7 章内容的一个测试，希望读者如实填写，以便指导老师了解每个人的情况，从而制订更好的教学方案。读者自检共分 3 次，以便对学习状况进行对比。请在自检通过处画"√"，未通过处画"×"。

第 7 章 知识点自检表

序号	知识点描述	自检情况		
		1	2	3
1	结构体如何定义？			
2	结构体名是否可以省略？			
3	结构体变量声明的四种方式是什么？			
4	结构体如何嵌套定义？			
5	结构体变量如何初始化？			
6	结构体成员是否可以像普通变量一样被操作？			
7	结构体变量如何调用成员？			
8	如何使用嵌套的结构体？			

序号	知识点描述	自检情况		
		1	2	3
9	如何计算结构体内存方法？			
10	如何使用结构体数组变量？			
11	如何使用结构指针变量？			
12	结构体与函数的关系如何？			
13	如何定义共用体？			
14	共用体变量有几种声明方式？			
15	共用体变量可以进行初始化吗？			
16	如何理解一个共用体变量的值就是最近赋值的某一个成员值？			
17	如何计算共用体内存空间大小？			
18	共用体变量和函数的关系是什么？			
19	共用体和结构体可以相互嵌套吗？			
20	如何定义枚举？			
21	枚举成员的值是否可以改变？原因是什么？			
22	枚举成员如何赋予特定值？			
23	枚举成员使用时应注意什么？			
24	typedef 可否对变量进行自定义？			
25	typedef 进行别名定义时的注意项是什么？			
26	如何定义位段？			
27	位段使用时的注意项有哪些？（至少 4 个）			

实验 7
综合设计与应用

学　　号：_____　　　　姓　　名：_____

任课教师：_____　　　　实验指导：_____

实验地点：_____　　　　提交日期：_____

7.1　实验目的

1. 掌握变量的作用域与存储类别。
2. 掌握指针对二维数组的访问方式，能够区别元素与地址。
3. 掌握行指针与列指针的区别及访问方式。
4. 掌握指针型函数的使用。
5. 掌握如何分配动态存储空间。
6. 掌握链表的建立与使用。

7.2　实验指导

完成本实验需 4 学时。

1. 编程题 1 用到了一维数组作为函数参数，要注意定义时函数参数的设定方法，调用时传递实参的方式。

2. 编程题 2 可以用指向二维数组的行指针作函数参数，要注意行指针使用的方法，调用时传递实参的方式。

3. 编程题 3 可以用指向二维数组的列指针作函数参数，列指针作为函数参数与普通指针在声明时是相同的，但在访问二维数组时，初值的赋予是不同的，如 p=a[0]（这里 a 为二维数组，即 a[N][N]），这里要特别注意。

4. 编程题 4 用到了动态内存分配实现动态数组，其使用的技巧在于如动态申请的内存空间是连续的，依据数组与指针的密切关系，可以知道在合法访问区间内，数组与指针能互换使用。

5. 编程题 5 要求按照指定的结点结构和指定的方法（头插法）建立链表，然后通过访问每个结点的值输出符合要求的结点信息，重点是每个结点的 next 域的赋值方式，避免结点乃至整个链表的丢失。

7.3　实验内容

7.3.1　阅读程序题

阅读下面程序，看哪些程序实现了交换主函数中两个变量值的操作，哪些没有实现，并分析原因。

程序 1：

```
void exchange(int n1,int n2)
{    int t;
     t=n1;
     n1=n2;
     n2=t;
```

```
}
main()
{
    int a=1,b=2;
    exchange(a,b);
    printf("%d,%d",a,b);
}
```

程序 2:

```
void exchange(int *n1,int *n2)
{   int *t;
    t=n1;
    n1=n2;
    n2=t;
}
main()
{   int a=1,b=2;
    exchange(&a,&b);
    printf("%d,%d",a,b);
}
```

程序 3:

```
void exchange(int *n1,int *n2)
{   int t;
    t=*n1;
    *n1=*n2;
    *n2=t;
}
main()
{   int a=1,b=2;
    exchange(&a,&b);
    printf("%d,%d",a,b);
}
```

程序 4:

```
void exchange(int *n1,int *n2)
{   int c,
    t=&c;
    *t=*n1;
    *n1=*n2;
    *n2=*t;
}
main()
{   int a=1,b=2;
    exchange(&a,&b);
    printf("%d,%d",a,b);
}
```

实现了交换主函数中两个变量值的程序是＿＿＿＿＿＿＿＿＿＿＿＿＿＿＿＿＿＿＿＿。

未实现交换主函数中两个变量值的程序是＿＿＿＿＿＿＿＿＿＿＿＿＿＿＿＿＿＿＿＿。

未实现的原因是＿＿＿＿＿＿＿＿＿＿＿＿＿＿＿＿＿＿＿＿＿＿＿＿＿＿＿＿＿＿＿＿＿

＿＿＿＿＿＿＿＿＿＿＿＿＿＿＿＿＿＿＿＿＿＿＿＿＿＿＿＿＿＿＿＿＿＿＿＿＿＿＿

＿＿＿＿＿＿＿＿＿＿＿＿＿＿＿＿＿＿＿＿＿＿＿＿＿＿＿＿＿＿＿＿＿＿＿＿＿＿。

7.3.2　编程题

编程序并上机调试运行（要求给出流程图、程序清单、测试数据及运行结果）。

1. 假设每班人数最多不超过 40 人，具体人数由键盘输入，用一维数组和指针变量作为函数参数，编程打印某班一门课成绩的最高分和学号。

函数流程图	主程序流程图

主程序代码

程序调试记录：

（1）测试数据及运行结果。

（2）程序出现的错误及改正。

2. 用二维数组和指针变量作函数参数，编程打印 3 个班学生（假设每班 40 个学生）的某门课成绩的最高分，并指出具有该最高分成绩的学生是第几个班的第几个学生。

函数流程图	主程序流程图

程序代码

程序调试记录：

（1）测试数据及运行结果。

（2）程序出现的错误及改正。

3. 用指向二维数组第 0 行第 0 列元素的指针作为函数参数，编写一个能计算任意 m 行 n 列的二维数组中的最大值，并指出其所在的行、列下标值的函数，利用该函数计算 3 个班学生（假设每班 40 个学生）的某门课成绩的最高分，并指出具有该最高分成绩的学生是第几个班的第几个学生。

函数流程图	主程序流程图

程序代码

程序调试记录：

（1）测试数据及运行结果。

（2）程序出现的错误及改正。

4. 编写一个能计算任意 m 行 n 列的二维数组中的最大值，并指出其所在的行、列下标值的函数，利用该函数和动态内存分配方法，计算任意 m 个班、每班 n 个学生的某门课成绩的最高分，并指出具有该最高分成绩的学生是第几个班的第几个学生。

函数流程图	主程序流程图

程序代码

程序调试记录：

（1）测试数据及运行结果。

（2）程序出现的错误及改正。

5. 按如下方法定义一个时钟结构体类型：

```
struct line
{   int nNum ;
    struct line  *next;
};
```

请建立一个有 9 个结点的链表，要求链表结点的成员 nNum 的值依次分别为 1~9 的整数，每建立一个结点都将之插入到首个结点的前面，使新结点变成第一个结点，最后输出 nNum 值为偶数的结点。

函数流程图	主程序流程图

程序代码

程序调试记录：

（1）测试数据及运行结果。

（2）程序出现的错误及改正。

7.4 实验小结

本实验是在学习完本书第 8 章后进行的，列出第 8 章的知识点，请读者分别填写，自检共分 3 次，以便读者对学习状况进行对比。请在自检通过处画"√"，未通过处画"×"。

第 8 章 知识点自检表

序号	知识点描述	自检情况		
		1	2	3
1	变量共有几个不同的作用域？			
2	函数域与块域有何区别？			
3	变量有哪几种属性？			
4	变量的存储方式有几种？			
5	变量的几种存储方式有何区别？			
6	变量的存储类别有几种？			
7	指针对于一维数组有几种访问方式？			
8	是否会使用行指针访问二维数组？			
9	是否会使用列指针访问二维数组？			
10	什么是指针数组？			
11	int *point[]和 int (*point)[]有何区别？			
12	函数 main()是否可以有参数？			
13	有参函数的 main()函数中每个参数的意义是什么？			
14	使用函数 main()的参数时需要注意什么？			
15	什么是指针型函数？			
16	动态分配存储空间有何意义？			
17	函数 malloc()的用法是什么？			
18	函数 calloc()的用法是什么？			
19	函数 malloc()与 calloc()的区别是什么？			
20	什么是链表？			
21	链表的结点如何定义？			
22	如何建立链表？			
23	如何查找链表？			
24	如何进行链表的插入？			
25	链表的删除如何操作？			
26	带头结点的链表与不带头结点的链表有何区别？			

实验 8
数据永久性存储

学　　号：＿＿＿＿＿　　　姓　　名：＿＿＿＿＿

任课教师：＿＿＿＿＿　　　实验指导：＿＿＿＿＿

实验地点：＿＿＿＿＿　　　提交日期：＿＿＿＿＿

8.1 实验目的

1. 运用文件指针进行文件的打开、关闭操作；掌握常用的文件打开模式及相互之间的异同；了解文件存储的相对路径和绝对路径的区别。

2. 深入了解字符读写、字符串读写、数据块读写等不同函数之间的区别以及实现方式。

3. 掌握两种文件测试函数的调用方法，能对错误进行正确有效地处理。

4. 作为全书最后一章，本章的实验内容结合了前面几章的知识，希望读者认真完成本章实验内容，以提高自己的综合编程能力。

8.2 实验指导

完成本实验需 2～3 学时。本章内容主要是关于文件操作的库函数的应用，变化较少，因此相对容易掌握；但同时由于本章所涉及的基本文件操作函数较多，而且要求能够准确运用。所以，在进行实验时，需要注意以下几点。

1. 上机前要求熟悉各种文件读/写函数，包括参数、返回值、调用方式、功能和注意事项，必要的时候需要一点点"死记硬背"。在上机时通过阅读程序和实际编程，巩固对上述函数的功能和使用方法。

2. 要在理解的基础上对结果进行推敲。复杂程序要先画流程图，理清思路，逐步分析。

3. 程序扩展部分的内容要深入思考结果出现的原因，总结归纳。

4. 文件操作中的测试数据较多，要求学生自己构建，在构建文件时要尽可能多尝试各种情况，例如特殊字符、中英文字符混合、空行等，观察程序的运行结果。

5. 注意编程中遇到的各种问题，尽量用规范的编程风格来实现，并试着用不同的方法去实现，拓展自己的思维。

8.3 实验内容

8.3.1 阅读程序题

1. 源程序

```
#include <stdio.h>
main( ){
    FILE *fp;  int i,k=0,n=0;
    fp=fopen("d1.dat","w");
    for(i=1;i<4;i++)   fprintf(fp,"%d",i);
    fclose(fp);
    fp=fopen("d1.dat","r");
    fscanf(fp,"%d%d",&k,&n);
    printf("%d %d\n",k,n);
    fclose(fp);
}
```

程序执行后输出结果是_____。

程序扩展：若写文件操作时，改为 fprintf(fp,"%3d",i); 则执行的结果又会是_____。

2. 有以下程序（提示：程序中 fseek(fp, -2L*sizeof(int)，SEEK_END);语句的作用是使位置指针从文件尾向前移 2*sizeof(int)字节）

```
#include <stdio.h>
main( ){
    FILE *fp;
    int i,a[4]={1,2,3,4},b;
    fp=fopen("data.dat","wb");
    for(i=0;i<4;i++)
        fwrite(&a[i],sizeof(int),1,fp);
    fclose(fp);
    fp=fopen("data.dat","rb");
    fseek(fp,-2L*sizeof(int).SEEK_END);
    fread(&b,sizeof(int),1,fp);
    fclose(fp);
    printf("%d\n",b);
}
```

程序执行后输出结果是_____。

程序扩展：若 fseek(fp,-2L*sizeof(int).SEEK_END);改为 fseek(fp,2L*sizeof(int).SEEK_SET);则执行的结果又会是_____。

3. 源程序

```
#include <stdio.h>
void WriteStr(char *fn,char *str)
{
    FILE *fp;
    fp=fopen(fn,"w");fputs(str,fp);fclose(fp);
}
main()
{
    WriteStr("t1.dat","start");
    WriteStr("t1.dat","end");
}
```

程序运行后，文件 t1.dat 中的内容是_____。

程序扩展：若把文件打开方式改为 fp=fopen(fn,"a+");则文件 t1.dat 中的内容是_____。

4. 源程序

```
#include <stdio.h>
void main()
{
    FILE *fp= fopen("D:\\File1.txt","r");          /*文本方式打开*/
    FILE *fout = fopen("D:\\File2.txt","w");        /*文本方式写入*/
    char c;
    while(!feof(fp))
    {
        c = fgetc(fp);
        putchar(c);
        if('1' == c) c = '2';
        fputc(c,fout);
    }
    fclose(fp);
    fclose(fout);
}
```

若 File1.txt 中开始为 "hello C!"，则程序执行完运行的结果是＿＿＿＿＿＿＿＿＿＿＿＿＿＿＿。

程序扩展：若在标号处加 if(!feof(fp))，改为

```
if(!feof(fp))
{
    putchar(c);
    if('1' == c)  c = '2';
    fputc(c,fout);
}
```

则程序运行的结果是＿＿＿＿＿＿＿＿＿＿＿＿＿＿＿＿＿＿。

8.3.2　编程题

编程序并上机调试运行（包括题目及要求、流程图、程序清单、测试数据及结果）。

1. 写一个程序，计算数据文件 stRecord1.txt 中每一个学生的平均成绩和总成绩，结果输出到一个名为 stRecord2.txt 的数据文件中。

stRecord1.txt 中内容为

1	090410101	97	71	63	72	61
2	090410102	89	59	70	98	77
3	090410103	64	71	72	98	96
4	090410104	61	79	73	71	89
5	090410105	91	86	60	96	67
6	090410106	83	76	84	87	78
7	090410107	82	82	61	76	61
8	090410108	79	65	84	86	94
9	090410109	62	75	83	88	72
10	090410110	78	76	73	59	94

stRecord2.txt 文件内容为：在 stRecord1.txt 文件的每一行加上平均成绩和总成绩。

流程图	程序代码

输出结果：

2. 统计文本文件中单词的单词和汉字个数。

流程图	程序代码

测试数据：

输出结果：

3.　一个 txt 文件分割为两个同样大小的 txt 文件；两个 txt 文件合并为一个 txt 文件。该 txt 文件可以用上题中的 stRecord.txt 也可自己设定。

提示：要编写文件合并函数、文件分割函数和主函数。

流程图	Division()函数（文件分割函数）

流程图	Combinatian()函数（合并函数）

流程图	程序代码 main()函数

测试数据：

输出结果：

程序调试记录：

要求：写出题号，并编写顺序号。例如：8.4.2 中题 1 出现的错误。

（1）程序出现的错误及改正。

（2）程序的改进。

8.4　实验小结

本实验是在学习完本书第 9 章的基础上进行的，所以列出第 9 章的知识点，请读者自行填写，自检共分 3 次，以便读者对学习状况进行对比。请在自检通过处画"√"，未通过处画"×"。

第 9 章　　　　　　　　　　　　　　　　知识点自检表

序号	知识点描述	自检情况		
		1	2	3
1	文件路径两种描述形式是什么？			
2	文件按编码方式可分为哪几种？			
3	如何从存储形式和编码上比较几种文件的异同？			
4	文件操作中涉及的指针有哪些？它们之间的区别是什么？			
5	文件的扩展名可以区分不同文件吗？			
6	fopen()中的第一个参数文件名有哪几种表示方法？			
7	哪几种文件打开方式可以进行读数据操作？写数据呢？			
8	r+和 r，w 和 w+，a 和 a+是一样的吗？"+"代表什么含义？			
9	各类文件操作有无返回值？若有是什么（调用成功和失败）？			
10	有哪几种方法解决因为连续读/写操作造成的失误？			
11	feof()在什么情况下调用？			
12	fgets()调用成功实际读取的字符是多少个？			
13	fprintf()以什么形式写入文件的？二进制和文本文件中是一样吗？			
14	fseek()中各参数实际含义是什么？			
15	数据块读/写操作中的数据项和 fseek()中的偏移量一样吗？			
16	fwrite()怎么判断调用失败？有何补救措施？			
17	fread()函数借助什么函数来进行错误处理？			
18	二进制文件的读写一般用哪些函数？			
19	ftell()可测哪类文件长度？			
20	编程风格要注意哪些内容？			

ISBN 978-7-115-46920-5

ISBN 978-7-115-46920-5

定价:36.00元